DAS KONTINUUM

Kritische Untersuchungen über die Grundlagen der Analysis

von

Dr. Hermann Weyl
Professor der Mathematik a. d. Eidgen.
Technischen Hochschule Zürich

Leipzig
Verlag von Veit & Comp.
1918

Druck von Metzger & Wittig in Leipzig.

Vorwort.

In dieser Schrift handelt es sich nicht darum, den »sicheren Fels«, auf den das Haus der Analysis gegründet ist, im Sinne des Formalismus mit einem hölzernen Schaugerüst zu umkleiden und nun dem Leser und am Ende sich selber weiszumachen: dies sei das eigentliche Fundament. Hier wird vielmehr die Meinung vertreten, daß jenes Haus zu einem wesentlichen Teil auf Sand gebaut ist. Ich glaube, diesen schwankenden Grund durch Stützen von zuverlässiger Festigkeit ersetzen zu können; doch tragen sie nicht alles, was man heute allgemein für gesichert hält; den Rest gebe ich preis, weil ich keine andere Möglichkeit sehe.

Im Mittelpunkt meiner Betrachtungen steht jenes uns durch das Kontinuum aufgegebene begriffliche Problem — es verdiente, den Namen des *Pythagoras* zu tragen —, das wir durch die arithmetische Theorie der Irrationalzahlen zu lösen versuchen. Die Hauptgedanken sind in Kap. I entwickelt, absichtlich in solcher Fassung, daß dieser Teil für sich ein abgeschlossenes Ganzes bildet. Dort werden die Prinzipien aufgestellt, mit Hilfe deren dann in Kap. II der Aufbau der Analysis systematisch begonnen und in seinen ersten Anfängen durchgeführt wird. Es ließ sich im II. Teil nicht vermeiden, daß einiges schon oft Gesagte — in etwas verändertem Ausdrucks-Gewand — wiederholt werden mußte; es geschah, so knapp, wie es möglich ist, ohne die Geschlossenheit des entworfenen Bildes zu gefährden. Immerhin möchte ich gerne nicht bloß auf den Kathedern, sondern auch von allen Studierenden verstanden sein, die mit den heute gelehrten „strengen" Grundlagen der Analysis bekannt geworden sind.

Der Tag ist noch nicht gekommen, wo in der Prinzipienforschung ein Autor auf den Ergebnissen des andern weiterbauen kann. Es geht darum auch nicht gut an, die systematische Darstellung der eigenen Gedanken durch Hinweise auf die Stellung anderer Forscher zu denselben Fragen und Auseinandersetzungen mit ihnen zu unterbrechen; so habe ich es vorgezogen, nur in den Schlußbemerkungen des I. Kap. darüber kurz Rechenschaft zu geben.

Wenngleich diese Schrift vor allem mathematische Ziele verfolgt, so bin ich doch *philosophischen* Fragen nicht aus dem Wege gegangen und habe nicht versucht, sie durch jene rohe und oberflächliche Verquickung von Sensualismus und Formalismus aus der Welt zu schaffen, die [von Frege in seinen „Grundgesetzen der Arithmetik" (Jena 1893) mit erfreulicher Deutlichkeit bekämpft] unter Mathematikern immer noch großes Ansehen genießt. Was die erkenntnistheoretische Seite der Logik betrifft, so stimme ich mit denjenigen Auffassungen überein, von denen Husserls „Logische Untersuchungen" (2. Aufl., Halle 1913) getragen sind; ich verweise auch auf die vertiefte und das Logische an seinem Ort in den Rahmen einer umfassenden Philosophie eingliedernde Darstellung in Husserls „Ideen zu einer reinen Phänomenologie und phänomenologischen Philosophie" (Jahrbuch f. Philos. u. phänomen. Forschung, Bd. 1, 1913). Unsere Betrachtung des Kontinuumproblems liefert einen Beitrag zu der erkenntniskritischen Frage nach den Beziehungen zwischen dem unmittelbar (anschaulich) Gegebenen und den formalen Begriffen (der mathematischen Sphäre), durch welche wir in Geometrie und Physik jenes Gegebene zu konstruieren suchen.

Zürich, November 1917.

Hermann Weyl.

Inhaltsverzeichnis.

Kapitel I.

Menge und Funktion. (Analyse der mathematischen Begriffsbildung.)

Kapitel II.

Zahlbegriff und Kontinuum. (Grundlagen der Infinitesimalrechnung.)

Kapitel I.

Menge und Funktion.

(Analyse der mathematischen Begriffsbildung.)

Logischer Teil.

§ 1. Eigenschaft, Relation, Existenz.

Ein *Urteil* behauptet einen *Sachverhalt;* besteht dieser Sachverhalt, so ist das Urteil *wahr*, andernfalls unwahr. Eine besonders wichtige Kategorie von Sachverhalten — die von den Logikern oft allein ins Auge gefaßt wurde, obwohl sie keineswegs allumfassend ist — wird von den *Eigenschafts-Sachverhalten* gebildet: ein Eigenschafts-Urteil behauptet, daß ein gewisser Gegenstand eine gewisse Eigenschaft besitzt. „Dies (mir in einem gegenwärtigen Akt der Wahrnehmung gegebene) Blatt hat diese bestimmte (mir in eben dieser Wahrnehmung gegebene) grüne Farbe" mag als Beispiel dienen. Eine Eigenschaft ist allemal bezogen auf eine gewisse Gegenstandskategorie, derart, daß der *Satz:* »*a* hat jene Eigenschaft« nur dann *sinnvoll* ist, d. h. ein Urteil ausspricht und damit einen Sachverhalt behauptet, wenn *a* ein Gegenstand jener Kategorie ist. So ist die Eigenschaft »grün« auf die Kategorie »Seh-Ding« bezogen; ein Satz wie der, daß ein ethischer Wert grün sei, ist weder wahr noch falsch, sondern sinnlos. Nur einem *sinnvollen* Satz entspricht ein Urteil, nur einem *wahren* Urteil ein Sachverhalt; ein Sachverhalt aber *besteht* — schlechthin. Vielleicht können sinnlose Sätze nur im sprachlichen, nie im sachlichen Denken auftreten; jedenfalls liegt darin eine große Gefahr der Sprache, daß sie sinnlose Kombinationen der Wort-Symbole von Urteils-Bestandstücken ermöglicht, und zwar Kombinationen, die in *formal-grammatischer* Hinsicht genau so aussehen wie die Wort-Formulierungen echter Urteile. Ein Satz, in dessen „grammatischer" Struktur es noch nicht liegt, daß er sinnlos ist (wie ein Satz der Form „Der Gegenstand *a* hat die Eigenschaft *E*"), braucht darum nicht sinnvoll zu sein — so wenig ein

Urteil, das nicht logisch *widersinnig* ist (als unwahr erkannt wird, unabhängig von seinem materialen Gehalt, rein auf Grund seiner „*logischen*" Struktur; vgl. § 3), darum schon *wahr* sein muß. Spricht aber ein Satz „*a* hat die Eigenschaft *E*" ein Urteil aus, so gilt das gleiche von dem entsprechenden negativen „*a* hat nicht die Eigenschaft *E*", und die formale Logik ist dann vollkommen im Recht mit ihrer Behauptung, daß von diesen beiden Urteilen immer das eine wahr, das andere falsch sei.

Sätze, die ein Eigenschaftsurteil enthalten (übrigens nur diese), haben die bekannte {*Subjekt-Kopula-Prädikat*}-Struktur. In welchen Unsinn man sich aber verstricken kann, wenn man nicht darauf Bedacht nimmt, daß ein Satz solcher Struktur eventuell sinnlos sein kann, möge durch eine bekannte, im wesentlichen von Russell herrührende »Paradoxie« belegt werden. Ein Eigenschaftswort heiße autologisch, wenn dieses Wort selber die Eigenschaft besitzt, die seine Bedeutung ausmacht; falls es sie nicht besizt, heterologisch. Das Wort „kurz" z. B. ist selber kurz (ein nur aus 4 Buchstaben bestehendes Wort wird man in der deutschen Sprache ohne Frage als ein kurzes zu bezeichnen haben*)), daher autologisch; das Wort „lang" hingegen ist selber nicht lang, daher heterologisch. Wie steht es nun mit dem Wort „heterologisch"? Ist es autologisch, so hat es die Eigenschaft, die es aussagt, ist also heterologisch; ist es hingegen heterologisch, so hat es diese Eigenschaft nicht, ist also autologisch. Der Formalismus sieht sich hier einem unlösbaren Widerspruch gegenüber; in Wahrheit aber handelt es sich um Scholastik schlimmster Sorte: die geringste Besinnung zeigt, daß sich mit der Frage, ob das Wort „heterologisch" selbst auto- oder heterologisch sei, schlechterdings kein Sinn verbinden läßt. — Auf eine letzte Klärung des Wesens von Sachverhalt, Urteil, Gegenstand, Eigenschaft können wir hier nicht ausgehen; diese Aufgabe führt in metaphysische Tiefen; über sie muß man sich bei Männern Rats erholen, deren Namen man unter Mathematikern nicht nennen darf, ohne ein mitleidiges Lächeln einzuheimsen — Fichte z. B.

Neben den Eigenschafts-Urteilen sind für uns von Wichtigkeit die *Relations-Urteile*. Beispiele: Der Mann dort ist ein Onkel von mir; der Punkt *A* liegt zwischen *B* und *C*; die Zahl 5 folgt auf 4.

---

*) Daß die meisten Begriffe (und zwar ihrem Wesen nach und ohne daß man darin einen Mangel erblicken dürfte) inexakt sind, ihren Umfang im Fließenden haben, ist gleichfalls etwas, was der formale Logiker gern ignoriert. Vgl. Husserl, „Ideen", pag. 136 ff. — In der Mathematik haben wir es nur mit exakten Wesen zu tun.

Hierzu ist ähnliches zu bemerken wie zu den Eigenschaftssätzen. Der Beziehung, von der in dem letzten Beispiel die Rede ist, können wir das die „Unbestimmten" x, y enthaltende *Urteils-Schema:* »x folgt auf y« zuordnen. Es entsteht aus ihm ein bestimmtes Urteil, wenn wir für die Unbestimmten irgend zwei Zahlen einsetzen; so behaupten wir z. B., jenes Urteil sei wahr „für" $x = 5$, $y = 4$. Jede Unbestimmte, jede „*Leerstelle*" des Urteilsschemas ist bezogen auf eine bestimmte Gegenstandskategorie (in unserm Beispiel auf die Kategorie »Zahl«): nur wenn sie durch einen Gegenstand dieser Kategorie ausgefüllt wird, ergibt das Schema einen sinnvollen Satz, über den sich dann die Frage erhebt, ob er wahr ist oder nicht. Der Einfachheit wegen spreche ich hier nur von solchen Relationen, für welche jede Leerstelle des ihnen zugehörigen Urteilsschemas auf *dieselbe* Gegenstandskategorie bezogen ist. Entgegen mathematischen Ausdrucks-Gewohnheiten muß noch betont werden, daß die Sätze »5 folgt auf 4« und »4 geht 5 voran« *einer und derselben* Beziehung zwischen 4 und 5 Ausdruck geben und daß da nicht von zwei verschiedenen Relationen die Rede sein kann, deren eine die „inverse" der andern ist. Das zugehörige Urteilsschema enthält zwei (natürlich nicht „gleichberechtigte") Leerstellen; wenn ich für sie die eine oder die andere bestimmte *Reihenfolge* festsetze — und ich werde durch die sprachliche Symbolisierung dazu gezwungen, eine solche festzusetzen —, erhalte ich jene zwei Formulierungen; in dem Relations-Sachverhalt liegt aber evidentermaßen von einer solchen Reihenfolge nichts.*)

Es sei „unmittelbar gegeben" (in der Anschauung aufgewiesen) eine bestimmte Gegenstandskategorie [z. B. »Raumpunkt«] und an Gegenständen dieser Kategorie (nur von ihnen reden wir im folgenden) aufgewiesen gewisse einzelne Eigenschaften und Relationen (R), welche auf die vorliegende Gegenstandskategorie (mit allen Leerstellen ihrer Urteilsschemata) bezogen sind [z. B. die Relation »liegt zwischen«]. Neben den zum Teil wahren, zum Teil falschen Eigenschafts- und

*) Bei Verwendung anderer als *Wort*-Symbole hätte man event. die Vornahme einer solchen Anordnung der Leerstellen gar nicht nötig. Man stelle sich z. B. das Urteilsschema einer Relation dar durch eine Holzplatte mit einzelnen, den Leerstellen korrespondierenden Pflöcken; die Gegenstände durch kleine, mit einem Loch versehene Kugeln, welche auf diese Pflöcke gesteckt werden können (entsprechend der „Ausfüllung" der Leerstellen). Das sind „an sich" eben so brauchbare Symbole wie die Worte. — Die *Eigenschaften* können wir in demselben Sinne mit zu den *Relationen* rechnen (nämlich als diejenigen, deren Urteilsschema nur eine Leerstelle besitzt), wie wir die 1 (entgegen dem Brauch der Griechen) mit unter die Anzahlen aufnehmen.

Relations-Urteilen, die daraus entspringen, daß man die zu den einzelnen (R) gehörigen Urteilsschemata durch irgendwelche unmittelbar aufgewiesene Gegenstände der in Rede stehenden Kategorie ausfüllt, spielen für die Mathematik die größte Rolle die *Existential-Urteile.* Der Begriff der Existenz ist mit metaphysischen Rätseln überladen. Hier genügt uns folgendes. Wenn $E(x)$, $E'(x)$, $R(xy)$ z. B. einige der Urteilsschemata (R) sind (x, y bedeuten Leerstellen), a ein einzelner gegebener Gegenstand, so sollen solche Sätze wie: »Es *gibt* einen Gegenstand (unserer Kategorie), für den sowohl $E(x)$ als $E'(x)$ zutrifft (der sowohl die Eigenschaft E als auch E' hat)«; »es *gibt* Gegenstände x, die zu a in der Beziehung $R(xa)$ stehen« sinnvoll sein, d. h. bestimmte (Existential-) Sachverhalte behaupten —, von denen nun eben die Frage ist, ob sie bestehen oder nicht.*) In diesem Sinne verstehen wir die Voraussetzung, daß *die Besonderungen des kategorialen Wesens, um welches es sich handelt, ein geschlossenes System bestimmter, an sich existierender Gegenstände* ausmachen sollen. — Man wird unsere Ausführungen leicht auf kompliziertere Fälle übertragen, bei denen von vornherein nicht eine, sondern mehrere bestimmte Gegenstandskategorien zugrunde liegen (wie z. B. in der Geometrie des Euklid: Punkt, Gerade, Ebene).

§ 2. Die Prinzipien der Urteilskombination.

Als *einfache* oder *ursprüngliche* Urteilsschemata (oder auch kurz „einfache Urteile“, indem wir das Wort »Urteil« für den Augenblick in einem weiteren Sinne nehmen als bisher) bezeichnen wir diejenigen, welche den einzelnen unmittelbar gegebenen Eigenschaften und Relationen entsprechen. Ihnen fügen wir noch die *Identität* $J(xy)$ (x ist identisch mit y, $x = y$) hinzu. Aus diesen einfachen lassen sich *zusammengesetzte* Urteilsschemata ableiten nach den folgenden Prinzipien.**)

1. Aus dem Urteilsschema U seine Negation $\bar{U}$. Z. B. $U(xy)$ bedeute: x folgt auf y | $\bar{U}(xy)$: x folgt nicht auf y.

2. In einem Urteilsschema mit mehreren Leerstellen kann man einzelne dieser Leerstellen miteinander *zur Deckung bringen,* „identifizieren“ und erhält dadurch ein neues Urteilsschema; z. B. aus dem

---

*) Ob wir mit gewissen Hilfsmitteln imstande sind, diese Frage zu entscheiden — darauf kommt es natürlich nicht an.

**) Diese Prinzipien werden später durch Angabe ihrer Nummern in Fettdruck zitiert.

Relationsurteils-Schema $N(x y)$: »x ist der Neffe von y« $N(x x)$: »x ist Neffe von sich selber.«

3. Man kann zwei Urteile durch ein »*und*« miteinander verknüpfen. — Beispiele. $E(x)$: »x ist rot«, $E'(x)$: »x ist kugelförmig«; das zusammengesetzte Urteil »x ist rot und kugelförmig« bezeichnen wir mit $E(x) \cdot E'(x)$. — $V(x y)$: »x ist der Vater von y«, $N(x y)$: »x ist Neffe von y«; das zusammengesetzte Urteil: »x ist Vater von y und y Neffe von z«, das eine Beziehung zwischen drei Personen x, y, z aussagt, wird mit $V(x y) \cdot N(y z)$ zu bezeichnen sein. So entspringt aus zwei Urteilen V und N, indem man die Leerstellen des einen teilweise mit denen des andern zur Deckung bringt und dann die *und*-Verknüpfung herstellt, ein neues zusammengesetztes Urteil. In welcher Weise die Leerstellen der beiden Ausgangsurteile zur Deckung gebracht werden sollen, kann in der Symbolik, wie unser Beispiel zeigt, dadurch ausgedrückt werden, daß sich deckende Leerstellen durch den gleichen Buchstaben gekennzeichnet werden. Durch die *und*-Verknüpfung können aus zwei gegebenen Urteilen im allgemeinen nicht nur eines, sondern mehrere neue hergestellt werden, je nach der Weise, in der man die Leerstellen des einen und andern gar nicht, teilweise oder ganz zur Deckung bringt. Natürlich sind auch solche *und*-Verknüpfungen eines Urteils mit sich selbst möglich wie etwa $N(x y) \cdot N(y x)$ {»x ist Neffe von y und gleichzeitig y Neffe von x«}.

4. Neben die Verknüpfung durch „und" tritt die Verknüpfung durch „*oder*", für welche wir das Zeichen + benutzen. Beispiele: $E(x) + E'(x)$ »x ist rot oder kugelförmig«, $V(x y) + N(y z)$ »x ist der Vater von y oder y Neffe von z«, $N(x y) + N(y x)$ »x ist der Neffe von y oder y Neffe von x«, »x ist Neffe oder Onkel von y«. — Auch zu dieser Verknüpfung gehört die Angabe, in welcher Weise einzelne der Leerstellen des einen Urteils mit denen des andern sich in Deckung befinden sollen.

5. Ist z. B. $U(x y z)$ ein Urteil mit drei Leerstellen und a ein gegebener Gegenstand unserer Kategorie, so ist das durch *Ausfüllung* entstehende Urteil $U(x y a)$ ein solches mit nur zwei Leerstellen. — Insbesondere entsteht aus einem Urteilsschema durch Ausfüllung aller seiner Leerstellen mittels gewisser gegebener Gegenstände unserer Kategorie ein ausgefülltes Urteil ohne Leerstellen, ein Urteil im eigentlichen Sinne, das einen Sachverhalt behauptet.

6. Ist $U(x y z)$ wiederum ein Urteil mit drei Leerstellen z. B., so bilde man $U(x y *) = V(x y)$; das bedeutet: »*es gibt* einen Gegenstand z (unserer Kategorie) von solcher Art, daß die Relation $U(x y z)$ besteht«; oder $U(* y *)$: »*es gibt* einen Gegenstand x und einen

Gegenstand z so beschaffen, daß $U(x\,y\,z)$ gilt.« — Auch durch Anwendung dieses Prinzips wird die Zahl der Leerstellen eines Urteilsschemas vermindert; bleibt überhaupt keine Leerstelle übrig, so entsteht auch hier ein Urteil im eigentlichen Sinne, von dem dann zu fragen sein wird, ob es wahr ist oder nicht. Beispiel: $V(x\,y)$ »x ist Vater von y«; $V(\text{ich}, y)$ »ich bin Vater von y«; $V(\text{ich}, *)$ »es gibt einen Menschen, dessen Vater ich bin«, »ich bin Vater«.

Hinsichtlich **5.** und **6.** beachte man, daß z. B. aus $U(x\,y) \cdot V(x\,y) = W(x\,y)$, wenn a einen gegebenen Gegenstand bedeutet, folgt: $U(x\,a) \cdot V(x\,a) = W(x\,a)$, aber keineswegs $U(x\,*) \cdot V(x\,*) = W(x\,*)$; vielmehr ist, wenn man $U(x\,y) \cdot V(x\,z) = T(x\,y\,z)$ einführt, $U(x\,*) \cdot V(x\,*) = T(x\,*\,*)$. — Von den Prinzipien **3.** und **4.** läßt sich das eine auf das andere mit Hilfe der Negation **1.** zurückführen (siehe § 3).

Indem man diese Prinzipien **1.** bis **6.** auf die einfachen Urteilsschemata zur Anwendung bringt, gewinnt man aus ihnen neue. Auf diese und die ursprünglichen kann man die gleichen Prinzipien abermals anwenden und damit wiederum neue Urteilsschemata gewinnen. Und so fort in beliebig-oftmaliger Wiederholung und Kombination. Diejenigen aus der unendlichen Fülle der so zustandekommenden Urteilsschemata, welche *eine* Leerstelle besitzen, sind die Urteilsschemata *abgeleiteter Eigenschaften*; diejenigen, welche zwei oder mehr Leerstellen besitzen, die Urteilsschemata *abgeleiteter Relationen.* Diejenigen aber, welche gar keine Leerstelle besitzen, also Urteile sind im eigentlichen Sinne und damit einen Sachverhalt behaupten*), nennen wir die *einschlägigen Urteile* unseres Sachgebietes. Wenn wir von jedem dieser einschlägigen Urteile wüßten, ob es wahr ist oder nicht, so besäßen wir eine vollkommene Kenntnis über die Gegenstände der zugrunde gelegten Kategorie hinsichtlich der an ihnen unmittelbar aufgewiesenen Eigenschaften und Relationen, von denen wir ausgingen. Unsere Prinzipien legen die logische Funktion der Begriffe »*nicht*«, »*und*«, »*oder*« und des *Existenz*-Begriffs in exakter Weise fest. Die einschlägigen Urteile lassen sich ihrer logischen Form nach keineswegs etwa in Eigenschafts-, Relations- und Existential-Urteile einteilen, oder in bejahende und verneinende, oder was es dergleichen traditionelle Einteilungen mehr gibt. Vielmehr ist ein solches Urteil im allgemeinen von sehr komplexer *logischer Struktur*, die nur dadurch vollständig beschrieben

*) Diese vollständig ausgefüllten Urteilsschemata sind an sich nur *Sätze*; daß sie alle einen Sinn haben, ein Urteil aussprechen — das ist in präziser Fassung die am Schluß von § 1 erwähnte Voraussetzung des „geschlossenen Systems an sich existierender Gegenstände“.

werden kann, daß man angibt, in welcher Weise, Reihenfolge und Kombination jenes Urteil durch Anwendung unserer 6 Prinzipien aus den zugrunde liegenden einfachen Urteilsschemata entspringt. Von der alten Lehre, daß ein Satz immer aus Subjekt, Prädikat und Kopula bestehe, sind wir hier unendlich weit entfernt.

Betrachten wir ein paar Beispiele der kombinierten Anwendung der aufgestellten Prinzipien. Vorweg bemerken wir, daß wir dabei das die Allgemeinheit ausdrückende »*alle*« durch Kombination von **1.** und **6.** (Negation und »es gibt«) ersetzen müssen. „Jeder Gegenstand hat die und die Eigenschaft" besagt: „Es gibt keinen Gegenstand, der nicht die betreffende Eigenschaft hätte." In der Mathematik kommen häufig Urteile der folgenden Gestalt vor ($U(xy)$ bedeute das Urteilsschema einer Relation mit zwei Leerstellen x, y): „*Zu jedem x gibt es* ein y, so daß $U(xy)$ besteht." Aus $U(xy)$ bilden wir $U(x*) = A(x)$; davon die Negation $\bar{A}(x) = B(x)$, daraus $B(*)$ und dessen Negation $\overline{B(*)}$ [nicht zu verwechseln mit $\bar{B}(*)$, d. i. $A(*)$!]: dies ist die Behauptung (die natürlich keine „Leerstelle" mehr enthält).

Beispiel A. Gegenstandsbereich: Punkte der ebenen Geometrie. $E(xyz)$ bedeute: x und y sind von z gleichweit entfernt. Erklärung: xyz liegen auf einer Geraden — oder es besteht die Relation $G(xyz)$ —, wenn es zwei verschiedene Punkte p und q gibt derart, daß p und q von x gleichweit entfernt sind, ebenso von y, ebenso von z. — Nach den Prinzipien **3.** und **1.** haben wir unter Heranziehung der Identität J zu bilden:

$$E(pqx) \cdot E(pqy) \cdot E(pqz) \cdot \bar{J}(pq) = F(xyzpq);$$

dann ist $F(xyz**) = G(xyz)$.

Beispiel B. Gegenstandsbereich: reelle Zahlen. $f(x)$ sei eine Funktion des reellen Arguments x. Wir wollen das Urteil analysieren: »f ist gleichmäßig stetig«. Nach der üblichen Erklärung besagt dies: Zu jeder positiven Zahl ε gibt es eine positive Zahl δ derart, daß für irgend zwei Zahlen x und y, welche die Ungleichung $|x-y| < \delta$ erfüllen, allemal auch die Ungleichung $|f(x) - f(y)| < \varepsilon$ besteht.

$A(xy\varepsilon)$ bedeute die Relation $|x - y| < \varepsilon$,
$F(xy\varepsilon)$ „ „ „ $|f(x) - f(y)| < \varepsilon$,
$P(\varepsilon)$ bedeute: ε ist positiv.

Wir bilden zunächst mittels **1.** und **3.**

$$A(xy\delta) \cdot \bar{F}(xy\varepsilon) = B(xy\varepsilon\delta),$$

daraus $B(**\varepsilon\delta) = C(\varepsilon\delta)$ und dessen Negation $\bar{C}(\varepsilon\delta)$;
daraus $\bar{C}(\varepsilon\delta) \cdot P(\delta) = Q(\varepsilon\delta)$ und $Q(\varepsilon *) = R(\varepsilon)$;

aus dessen Negation: $\bar{R}(\varepsilon) \cdot P(\varepsilon) = S(\varepsilon)$ und daraus das ausgefüllte Urteil $U = S(*)$. »f ist gleichmäßig stetig« besagt: die Negation $\bar{U}$ desselben ist wahr.

Beispiel C. Stellen wir daneben die Erklärung des Satzes: »f ist für alle Argumentwerte stetig.«

$$\begin{aligned}
&B(xy\,\varepsilon\,\delta) \text{ wie soeben; dann}\\
&B(x*\varepsilon\,\delta) = C(x\,\varepsilon\,\delta) \text{ und dessen Negation } \bar{C}(x\,\varepsilon\,\delta)\,;\\
&\bar{C}(x\,\varepsilon\,\delta)\cdot P(\delta) = Q(x\,\varepsilon\,\delta)\,;\; Q(x\,\varepsilon\,*) = R(x\,\varepsilon)\,;\\
&\text{aus } \bar{R}(x\,\varepsilon)\cdot P(\varepsilon) = S(x\,\varepsilon) : S(**) = V\,.
\end{aligned}$$

Die Negation $\bar{V}$ von V ist unsere Behauptung.

Die verwendete Symbolik, das zeigen unsere Beispiele, ist schwerfällig; aber an ihr liegt uns nichts. Hingegen ist die Aufstellung der 6 Definitionsprinzipien selber (sofern wir uns darin nicht irren, daß sie *vollständig* ist) von erheblicher Wichtigkeit für die Logik.

§ 3. Logisches Schließen. Axiomatische Methode.

Ein Urteil*), bei dessen Aufbau das Pr. 5 nicht mit herangezogen wird, die Ausfüllung der Leerstellen also immer nur durch den $*$ »*es gibt*« geschieht, nennen wir *generell.* In der Mathematik handelt es sich nur um solche Urteile; sie können mit gutem Grund auch als Existential-Urteile bezeichnet werden. Wird aber das Pr. 5 verwendet und gehen in das Urteil somit einzelne, unmittelbar aufzuweisende Gegenstände unserer Kategorie ein, so sprechen wir von einem *partikulären* Urteil.**) Ist $E(x)$ ein Urteilsschema mit einer Leerstelle, das aus den ursprünglichen Eigenschaften und Relationen vermöge unserer Prinzipien *unter Ausschaltung von* **5.** entsteht, und gibt es einen und nur einen Gegenstand $x = a$, für welchen $E(x)$ besteht, so heiße a ein (durch seine Eigenschaften charakterisierbares) *Individuum.* Die Ausschaltung von Pr. 5 ist dabei natürlich wesentlich; denn sonst bezeichnete, unter J wie oben die Identität verstanden, das Urteilsschema $J(x\,a)$ mit der Leerstelle x eine Eigen-

---

*) Von jetzt ab gebrauchen wir den Terminus »Urteil« ausschließlich in seinem eigentlichen Sinne und nicht mehr für Urteilsschemata, die Leerstellen enthalten.

**) Man könnte unter partikulären Urteilen auch ausschließlich solche verstehen, bei deren Aufbau Pr. 6 überhaupt nicht zur Anwendung kommt; dann gibt es neben den „partikulären" und „generellen" Urteilen aber noch gemischte „generell-partikuläre".

schaft, das »a-sein«, die nur dem Gegenstande a zukommt, und der Begriff des Individuums wäre nichtssagend.

Fassen wir z. B. die Arithmetik der natürlichen Zahlen ins Auge; ihr liegt als einzige Urbeziehung diejenige $F(n, n')$ zugrunde, welche besteht, wenn n' die unmittelbar auf n folgende Zahl ist. Dann ist 1 charakterisiert durch die Eigenschaft I: es gibt keine Zahl, auf welche 1 folgt (mit 1 hebt die Zahlenreihe an); d. i.

$$\overline{F(*, x)} = \mathrm{I}(x).$$

Es ist eine Tatsache, daß es eine und nur eine Zahl mit dieser Eigenschaft I gibt: wir *nennen* sie 1. Jetzt läßt sich 2 charakterisieren durch die Eigenschaft II, auf die eben definierte Zahl 1 unmittelbar zu folgen:

$$\mathrm{I}(y) \cdot F(y x) = F_2(y, x); \quad F_2(*, x) = \mathrm{II}(x).$$

Analog 3, 4, usw. Man sieht: jede Zahl ist ein Individuum. Der Satz $1 + 2 = 3$ enthält ein partikuläres Urteil, wenn 1, 2, 3 unmittelbar aufgewiesene Zahlen sind. Tatsächlich ist es aber unmöglich, eine Zahl anders zu geben als vermöge ihrer Stellung in der Zahlenreihe*), d. h. durch Angabe der für sie charakteristischen Eigenschaft. Interpretieren wir daher jenen Satz folgendermaßen: Es gibt drei Zahlen x, y, z, für welche $\mathrm{I}(x)$, $\mathrm{II}(y)$, $\mathrm{III}(z)$ und $x + y = z$ gilt, so enthält er ein „generelles“ Urteil. — Dem Fall, wie er in der Arithmetik vorliegt, daß alle Gegenstände der betrachteten Kategorie „Individuen“ sind (in der hier genau bezeichneten Bedeutung), steht der andere diametral gegenüber, daß jedes eine einzige Leerstelle enthaltende Urteilsschema $E(x)$, das ohne Anwendung von Pr. 5 aus den Ur-Eigenschaften und -Beziehungen entspringt, immer entweder für *alle* oder *keinen* Gegenstand wahr ist. Dann werden wir unsere Kategorie (hinsichtlich dieser Ur-Eigenschaften und -Relationen) als *homogen* bezeichnen dürfen. Dieser Fall liegt z. B. für die *Raumpunkte* der Euklidischen Geometrie vor, und aus keinem andern Grunde nennen wir den Raum in der Geometrie *homogen*.**)

Unter den einschlägigen Urteilen gibt es solche, die wir als wahr erkennen rein auf Grund ihrer logischen Struktur — ganz unabhängig davon, um was für eine Gegenstandskategorie es sich

---

*) Wenigstens scheint es mir so; doch kann man darüber auch anderer Ansicht sein.

**) Das Verhältnis dieser *begrifflichen* zur *anschaulichen* Homogenität des Raumes lasse ich unerörtert.

handelt, was die zugrunde liegenden Ur-Eigenschaften und -Relationen bedeuten und welche Gegenstände bei Anwendung des Pr. 5 zur „Ausfüllung" benutzt sind. Solche rein ihres formalen (logischen) Baus wegen wahren Urteile (die daher auch keinen »materialen Gehalt« besitzen) wollen wir (*logisch*) *selbstverständlich* nennen. Ein Urteil, dessen Negation selbstverständlich ist, heiße *sinnwidrig*. Ist $U\cdot\bar V$ sinnwidrig, so ist das Urteil V eine *„logische Folge"* von U; ist U wahr, so können wir sicher sein, daß dann auch V wahr ist. Ist V eine logische Folge aus U und umgekehrt U eine logische Folge aus V, so sind die beiden Urteile U und V *sinnesgleich*. Es ist eine Hauptaufgabe der Logik (der Lehre von den Schlüssen), diejenigen Urteilsstrukturen vollständig zu beschreiben, welche die Selbstverständlichkeit des Urteils gewährleisten. Sie stellt gewisse „elementare" Strukturen dieser Art auf, aus denen alle solchen Urteilsstrukturen mittels einer näher zu charakterisierenden „Komposition" entspringen. Ob die traditionelle oder die sog. mathematische Logik diese Aufgabe wirklich schon in völlig befriedigender Weise gelöst hat, lassen wir dahingestellt; wir erinnern nur an einige Beispiele.

Unter U irgendein Urteil verstanden, ist $U+\bar U$ selbstverständlich, $U\cdot\bar U$ ist sinnwidrig. Die Urteile U und $\bar{\bar U}$ sind sinnesgleich. Bei zwei Urteilen U, V ist $U\cdot V$ sinnesgleich mit $\overline{\bar U+\bar V}$. Sind $U(x)$, $V(x)$, $W(x)$ irgend drei Urteilsschemata mit einer Leerstelle, so lautet die Formel des Syllogismus:

$$\overline{U\cdot\bar V(*)}\cdot\overline{V\cdot\bar W(*)}\cdot\big(U\cdot\bar W(*)\big) \text{ ist sinnwidrig.}$$

$\overline{U\cdot\bar V(*)}$ bedeutet nämlich: es gibt keinen Gegenstand x, für welchen $U(x)$ wahr, $V(x)$ hingegen nicht wahr ist; d. h. allen Gegenständen, welche die Eigenschaft U besitzen, kommt auch die Eigenschaft V zu.

Die erkenntnistechnische Bedeutung des logischen Schließens liegt auf der Hand und ist jedermann geläufig. Auch weiß man, welche Rolle das deduktive Verfahren gerade für die Mathematik spielt. Die mathematischen Sachverhalte, von den allereinfachsten abgesehen, sind so kompliziert, daß es praktisch unmöglich ist, sie sich im Bewußtsein zu voller Gegebenheit zu bringen und dergestalt in freier Einsicht zu eigen zu machen. Vielmehr liegen die Dinge in der Mathematik so: Es handelt sich um die *einschlägigen, generellen, wahren* Urteile; unter ihnen gibt es einzelne wenige, in unmittelbarer Einsicht als wahr erkannte, die *Axiome*, etwa U_1, U_2, U_3, U_4, von der Art, daß alle jene Urteile logische Folgen sind aus diesen wenigen, d. i. aus $U_1\cdot U_2\cdot U_3\cdot U_4$. Die Aufzeigung der Tatsache, daß ein Urteil U Folge der Axiome ist, kann und muß gemäß einer eben gemachten Bemerkung über die Beschaffenheit der logischen Gesetze durch einen im allgemeinen vielverzweigten Organismus „elementarer“ Schlüsse geschehen, der dann noch zum Zwecke der Mitteilung künstlicherweise in eine Glied an Glied schließende Kette umgewandelt werden muß. So kommt der mathematische *Beweis* zustande; alle zu vollziehende Einsicht konzentriert sich in ihm auf die logischen Schlüsse und ist nicht mehr auf die beurteilten Sachen und Sachverhalte gerichtet.*) (Es braucht nicht gesagt zu werden, daß es beim Auffinden mathematischer Wahrheiten und ihrem nachschaffenden Verstehen viel „sachlicher“ und weniger „formal“ zugeht; hier ist von der systematischen Darstellung die Rede.) Es muß jedoch betont werden, daß die Überzeugung, es ließen sich alle einschlägigen, generellen, wahren Urteile über Punkte, Geraden und Ebenen z. B. aus den geometrischen Axiomen durch logische Schlüsse herleiten, ein wissenschaftlicher *Glaube* ist; wir sind außerstande, wirklich *einzusehen,* daß es sich so verhält, oder dies gar aus den logischen Gesetzen selber auf logischem Wege zu „beweisen“. Gelänge dies eines Tages, so würde sich in dieser Einsicht uns ein Weg öffnen, über jedes geometrische (d. h. einschlägige, generelle) Urteil durch ein bestimmtes methodisches Schlußverfahren („in endlichvielen Schritten“) die Entscheidung herbeizuführen, ob es wahr ist oder nicht: die Mathematik wäre, prinzipiell gesprochen, *trivialisiert.*

Es wird heute vielfach der Standpunkt vertreten, die Axiome seien *Festsetzungen,* und der Fermatsche Satz beispielsweise (Es gibt keine ganzen Zahlen

$$x \neq 0, \quad y \neq 0, \quad z \neq 0, \quad n > 2$$

von der Art, daß $x^n + y^n = z^n$ wird) behaupte lediglich, daß dieses

*) „Was beweisbar ist, soll in der Wissenschaft nicht ohne Beweis geglaubt werden“, beginnt die berühmte Dedekindsche Schrift „Was sind und was sollen die Zahlen?“ (Vorwort zur 1. Auflage). Diese Äußerung ist gewiß charakteristisch für die Denkweise der meisten Mathematiker, dennoch ist das ein verkehrtes Prinzip. Als ob ein solcher mittelbarer Begründungszusammenhang, wie wir ihn als »Beweis« bezeichnen, irgend »Glauben« zu wecken imstande ist, ohne daß wir uns der Richtigkeit jedes einzelnen Schrittes in unmittelbarer Einsicht versichern! Diese (und nicht der Beweis) bleibt überall letzte Rechtsquelle der Erkenntnis, sie ist das „Erlebnis der Wahrheit“. Wer als Mathematiker an andere Wissenschaften, etwa an die Philosophie, mit der Forderung nach Definitionen und Deduktionen mathematischen Stils herantritt, handelt nicht klüger, als wenn ein Zoologe die Zahlen ablehnte, weil sie keine lebenden Wesen sind.

Urteil eine *Folge* der arithmetischen Axiome sei. Die Axiome definieren dann gewissermaßen den Sinn des »es gibt« (es existiert, wessen Existenz aus den Axiomen logisch gefolgert werden kann). Aber ganz abgesehen davon, daß ein solches „hypothetisch-deduktives Spiel“ ohne jeden Wert ist (wenn es keinen für die Erkenntnis bedeutungsvollen, die Axiome erfüllenden Sinn gibt), ist dieser Standpunkt auch logisch unhaltbar. Ein Beispiel: Definieren wir die Irrationalzahlen nach Dedekind, so wird durch die Definition ohne weiteres mit festgelegt, wann eine rationale Zahl *kleiner* ($<$) heißt als eine reelle. Sind α, β irgend zwei reelle Zahlen — deren jede man sich als Individuum definiert denken muß durch eine ihr und nur ihr zukommende Eigenschaft —, so ist $\alpha < \beta$, falls es eine rationale Zahl r gibt, so daß $\alpha < r$ und $r < \beta$ ist. Interpretiert man hier das »es gibt« dem obigen Standpunkt gemäß, so gilt $\beta \leqq \alpha$ nur dann, wenn aus den Axiomen folgt, daß es keine rationale, den Ungleichungen $\alpha < r$, $r < \beta$ genügende Zahl r gibt. Die Urteile $\alpha < \beta$, $\beta \leqq \alpha$ bilden mithin keine vollständige Alternative, da es sich sehr wohl ereignen kann, daß weder die Existenz noch die Nicht-Existenz einer solchen rationalen Zahl r eine Folge der arithmetischen Axiome ist. Nur dann zeigt sich die in Rede stehende Auffassung als durchführbar, wenn man weiß: die Axiome sind in dem Sinne *widerspruchsfrei* und *vollständig*, daß von zwei „entgegengesetzten“ einschlägigen Urteilen U und $\bar{U}$ immer eines und nur eines eine logische Folge der Axiome ist. Dies aber *wissen* wir nicht (wenn wir es vielleicht auch glauben). Und wird dieser Glaube einmal in Einsicht verwandelt werden, so ist es wohl sicher, da das logische Schließen aus der Iteration gewisser elementarer logischer Schlüsse besteht, daß wir zu dieser Einsicht nur gelangen werden auf Grund der Anschauung der Iteration, des unendlichen Fortgangs in einer Reihe. Dieser Anschauung aber entnehmen wir auch gerade die grundlegenden arithmetischen Einsichten über die natürlichen Zahlen, auf denen sich die gesamte Mathesis pura logisch aufbaut.

Mathematischer Teil.

§ 4. Mengen.

Endliche Mengen kann man auf zweierlei Art beschreiben: entweder *individuell*, durch Aufzeigung jedes einzelnen ihrer Elemente, oder *generell*, gesetzmäßig, durch Angabe von Eigenschaften, die den Elementen der Menge und keinen andern Gegenständen zukommen. Bei unendlichen Mengen (darin liegt eben das Wesen des Unendlichen) ist der erste Weg unmöglich. Zwecks ihrer generellen Beschreibung kommen als „charakteristische Eigenschaften" der Elemente die ursprünglichen und die aus den ursprünglichen Eigenschaften und Relationen nach § 2 abgeleiteten in Frage; sie machen den Kreis der „angebbaren" Eigenschaften aus. Mithin:

Jeder ursprünglichen oder abgeleiteten Eigenschaft E entspricht eine **Menge** *(E). Die Ausdrücke »ein Gegenstand a hat die Eigenschaft E« (»das zugehörige, eine Leerstelle enthaltende Urteilsschema $E(x)$ ist wahr für $x = a$«) und »a ist Element der Menge (E)« sind gleichbedeutend. Zwei solchen Eigenschaften E und E' entspricht dann und nur dann dieselbe Menge, wenn jeder Gegenstand (unserer Kategorie), dem die Eigenschaft E zukommt, auch die Eigenschaft E' hat, und umgekehrt.*

Für die Identität zweier *Mengen* ist also (im Gegensatz zu den *Eigenschaften*) nicht entscheidend, wie sie definiert sind [auf Grund der Ur-Eigenschaften und -Beziehungen und einzelner aufgewiesener Gegenstände mittels der Prinzipien des § 2], sondern allein der aus der Definition rein logisch nicht abzulesende *sachhaltige* Umstand, ob jedes Element der einen Menge auch Element der andern ist und umgekehrt. — Wir sehen übrigens, daß die individuelle Beschreibung einer endlichen Menge, formal betrachtet, nur ein Sonderfall der gesetzmäßigen ist. Sind z. B. a, b, c drei Gegenstände unserer Kategorie, so ist

$$E(x) = J(x\,a) + J(x\,b) + J(x\,c)$$

das Urteilsschema der abgeleiteten Eigenschaft, »a oder b oder c zu sein«: ihr entspricht die aus jenen drei Gegenständen als ihren Elementen bestehende Menge.

Denselben Standpunkt, daß für die Identität nicht die Art der Definition (der *Sinn*), sondern der sachliche Gültigkeitsbereich maßgebend ist, können wir den Relationen und ihren Urteilsschemen gegenüber vertreten. Wie jeder Eigenschaft eine *Menge*, so entspricht dann jeder Relation ein *funktionaler Zusammenhang*. Dies Wort (für welches ich kein kürzeres und treffenderes finde) soll von vornherein daran erinnern, daß hier die Wurzel der mathematischen Begriffe »Funktion, Zuordnung, Abbildung« liegt. Man kann aber statt dessen auch, je nach der Zahl der Leerstellen, von einer 2, 3, 4, . .-*dimensionalen Menge* sprechen; was wir oben eine Menge nannten, muß dann genauer als „eindimensionale Menge" gekennzeichnet werden. Nach der Wahl des einen oder andern Terminus richtet sich die übrige Ausdrucksweise. Stehen z. B. a, b in der binären Relation R zueinander, so werden wir sagen: a, b bilden ein Elementensystem der korrespondierenden zweidimensionalen Menge (R) oder erfüllen den funktionalen Zusammenhang (R).

Es ist bei den mehrdimensionalen Mengen aber noch ein wichtiger Umstand zu beachten. Seien etwa $U(xy)$ und $V(xy)$ zwei binäre Urteilsschemata. Wenn es keine Gegenstände $x = a$, $y = b$ unserer Kategorie gibt von solcher Art, daß $U(ab)$ besteht, $V(ab)$ hingegen nicht, oder $V(ab)$ besteht, $U(ab)$ hingegen nicht: so entspricht diesen beiden Relationen derselbe funktionale Zusammenhang. Nun drückt aber die Forderung, welche wir hier hinsichtlich der beiden Urteilsschemata U und V erheben, gar keine Beziehung aus, die an sich zwischen ihnen besteht, sondern setzt offenbar voraus, daß deren Leerstellen auf eine bestimmte Weise vollständig miteinander zur Deckung gebracht sind. Soll dennoch dem einzelnen Urteilsschema $U(xy)$ ein funktionaler Zusammenhang so korrespondieren, daß der ausgesprochenen Forderung Genüge geschieht, so müssen wir annehmen, daß in dem Urteilsschema die Leerstellen bereits in einer bestimmten Reihenfolge geordnet sind: alsdann wollen wir es ein *subjekt-geordnetes* nennen. In Schriftsymbolen soll diese Ordnung einfach durch die Reihenfolge der die Leerstellen vertretenden Buchstaben (von links nach rechts, unsern Schriftgewohnheiten entsprechend) angedeutet werden. Für *subjekt-geordnete* binäre Relationen erst hat unsere Forderung einen klaren Sinn: es sind die Gegenstände a und b beidemal in *derselben* Reihenfolge in die geordneten Leerstellen der beiden Urteilsschemata einzusetzen.

Jedem subjekt-geordneten Urteilsschema einer ursprünglichen oder abgeleiteten Relation entspricht ein ***funktionaler Zusammenhang****, eine* ***mehrdimensionale Menge****; zwei derartigen Urteilsschemata (mit der gleichen Anzahl von Leerstellen) dann und nur dann derselbe funktionale Zusammenhang, wenn irgendwelche Gegenstände unserer Kategorie, für welche die eine Relation besteht, in der gleichen Reihenfolge immer auch die andere erfüllen und umgekehrt.*

Die in § 2 aufgestellten Prinzipien verwandeln sich jetzt in solche, welche die „Erzeugung" von ein- und mehrdimensionalen Mengen regeln. Der Negation (Pr. **1**) entspricht im Gebiet der Mengen die *Komplement*bildung. Nach Pr. **3** und **4** entstehen *Durchschnitt* und *Summe* zweier Mengen. Führt man in einer ternären Relation $U(x y z)$ z. B. für z den gegebenen Gegenstand a ein, so entsteht aus der entsprechenden dreidimensionalen Menge der „*Querschnitt*" $z = a$, welcher eine zweidimensionale Menge ist. Pr. **6** könnte man, in Anlehnung an die analytische Geometrie, das Prinzip der *Projektion* nennen.

Die ein- und mehrdimensionalen Mengen bilden über dem ursprünglich gegebenen Gegenstandsbereich ein neues abgeleitetes System idealer Gegenstände; es entsteht aus dem ursprünglichen, wie ich mich ausdrücken will, durch den *mathematischen Prozeß*. In der Tat glaube ich, daß sich in dieser Begriffsbildung das Charakteristische der mathematischen Denkweise äußert. Es versteht sich von selbst, daß diese neuen Gegenstände, die Mengen, von den ursprünglichen durchweg verschieden sind; sie gehören einer ganz andern Existenzsphäre an. —

Niemand kann eine unendliche Menge anders beschreiben als durch Angabe von Eigenschaften, welche für die Elemente der Menge charakteristisch sind; niemand eine Zuordnung zwischen unendlich vielen Dingen stiften ohne Angabe eines *Gesetzes*, d. h. einer Relation, welche die zugeordneten Gegenstände miteinander verknüpft. Die Vorstellung der unendlichen Menge als einer durch unendlich viele einzelne willkürliche Wahlakte zusammengebrachten, kolligierten und nun vom Bewußtsein als Ganzes überblickten „Versammlung" ist unsinnig; die „Unerschöpflichkeit" liegt im Wesen des Unendlichen. Unsere Auffassung ist die: der Übergang von der „Eigenschaft" zur „Menge" (derjenigen Dinge, welche die Eigenschaft besitzen) bedeutet lediglich, daß man dem rein logischen gegenüber den *sachlichen* Standpunkt zur Geltung bringt, d. h. die *sachliche* — und nur auf Grund von Sachkenntnissen festzustellende — Übereinstimmung (im „Umfang", wie die Logiker sagen) anstatt der logischen Sinnesgleichheit als maßgebend betrachtet. Darum stelle ich den hier formulierten exakten Mengen- und Funktionsbegriff dem *völlig vagen* Funktionsbegriff gegenüber, der seit Dirichlet in der Analysis kanonisch geworden ist, und dem der heut daneben übliche Mengenbegriff gleichartig zur Seite tritt. — Elementare Geometrie, Arithmetik, rationale Algebra — diese Hauptteile des mathematischen Gebäudes sind in gutem Stand; nicht so aber die Analysis und die Mengenlehre (vgl. namentlich § 6). Die vielgerühmte

Kritik, welche das 19. Jahrhundert an den Grundlagen der klassischen Analysis geübt hat, war berechtigt, wie niemand bestreiten wird; und gewiß ist durch sie ein ungeheurer Fortschritt in der Strenge des Denkens bewirkt worden. Was man aber positiv an die Stelle des Alten gesetzt hat, ist, *wenn man den Blick auf die letzten Prinzipien richtet,* unklarer und anfechtbarer als dieses — so wenig daran zu zweifeln ist, daß der größte Teil des von der modernen kritischen Forschung Erarbeiteten sich bei einer endgültigen Fundierung der Analysis von neuem als Bauzeug verwerten läßt. So wie die Dinge jetzt stehen, muß aber konstatiert werden: Die große Aufgabe, welche seit der Pythagoreischen Entdeckung des Irrationalen gestellt ist, das uns (namentlich in der fließenden Zeit und der Bewegung) unmittelbar anschaulich gegebene *Stetige* nach seinem in „exakten" Erkenntnissen formulierbaren Gehalt als Gesamtheit diskreter »Stadien« mathematisch zu erfassen, dieses Problem ist trotz Dedekind, Cantor und Weierstrass heute so ungelöst wie je. Systeme mehr oder minder willkürlicher Festsetzungen können uns da nicht weiter helfen (mögen sie noch so „denkökonomisch" und „fruchtbar" sein); wir müssen versuchen, zu einer auf Sacheinsicht gegründeten Lösung zu gelangen. Hier sollen die Konsequenzen unserer Auffassung des Mengen- und Funktionsbegriffs für die Grundlagen der Analysis und Mengenlehre noch einige Schritte weiter verfolgt werden.

Soviel im allgemeinen vorweg: Da wir von einem bestimmten Operationsbereich ausgehen müssen und die existierenden Mengen und Zuordnungen bestimmt sind durch die sachlichen, mittels der zugrunde liegenden Ur-Eigenschaften und -Relationen ausdrückbaren Zusammenhänge, welche zwischen den Gegenständen der gegebenen Kategorien bestehen, wird — unbeschadet der Möglichkeit einer allgemeinen Mengenlehre — keine universelle, gleichmäßig für alle Operationsbereiche gültige *Skala unendlicher Kardinal- und Ordinalzahlen* existieren können, wie sie Cantor aufgestellt hat. Der durch die Mengenlehre scheinbar ausgefüllte Abgrund zwischen dem Endlichen und Unendlichen tritt wieder in seiner klaffenden Tiefe zutage. Eine solche mengentheoretische Behandlung der natürlichen Zahlen, wie sie Dedekind in seiner Schrift „Was sind und was sollen die Zahlen?" gibt, mag im Interesse der mathematischen Systematik von Wert sein*); sie darf aber nicht darüber hinwegtäuschen wollen,

*) Es fällt mir natürlich nicht ein, die große historische Bedeutung dieser Dedekindschen Schrift für die Entwicklung des mathematischen Denkens anzutasten.

daß man sich für die Grundbegriffe der Mengenlehre bereits auf die Anschauung der Iteration und der natürlichen Zahlenreihe stützen muß.

§ 5. Die natürlichen Zahlen. Richardsche Antinomie.

Wir können unsere Ausführungen insbesondere anwenden auf jene Kategorie idealer Gegenstände, die wir *natürliche Zahlen* nennen; als einzige, ihrem Sinn nach unmittelbar aufzuweisende Urbeziehung liegt dabei diejenige $F(xy)$ zugrunde, welche zwischen zwei natürlichen Zahlen x, y besteht, von denen y die auf x *nächstfolgende* ist. Es bestehen dann die einfachen Tatsachen: Zu jeder Zahl x gibt es eine und nur eine y, für welche $F(xy)$ zutrifft. Es gibt eine einzige Zahl 1, zu der sich keine Zahl findet, auf welche sie unmittelbar folgt; zu jeder von 1 verschiedenen Zahl aber existiert eine und nur eine solche. Auf dem Umstand endlich, daß man, von 1 ausgehend und von jeder Zahl zur nächstfolgenden fortschreitend, schließlich zu jeder beliebigen Zahl gelangen kann, beruht der wichtige *Schluß der vollständigen Induktion.*

Für jede mathematische Disziplin ist es charakteristisch, daß 1) für sie ein derartiger Operationsbereich zugrunde liegt, wie wir ihn hier von Anfang an vorausgesetzt haben, daß diesem 2) stets die natürlichen Zahlen samt der sie verknüpfenden Beziehung F assoziiert werden, und daß 3) über diesem kombinierten Operationsbereich durch den ev. sogar beliebig oft iterierten mathematischen Prozess ein Reich neuer idealer Gegenstände, von Mengen und funktionalen Zusammenhängen, aufgebaut wird. Die alte Erklärung der Mathematik als der Lehre von Zahl und Raum hat man, der neueren Entwicklung unserer Wissenschaft entsprechend, für zu eng befunden; dennoch ist kein Zweifel, daß auch in solchen Disziplinen wie der reinen Geometrie, der Analysis situs, der Gruppentheorie usw. zu den behandelten Gegenständen von vornherein die natürlichen Zahlen in Beziehung gebracht werden. Wir setzen daher fortan voraus, daß unserer Untersuchung eine oder mehrere Gegenstandskategorien zugrunde liegen, deren eine jedenfalls die der natürlichen Zahlen ist. Für solche gemischten Bereiche erinnern wir an die Bemerkung von § 1, daß allgemein jede Leerstelle des Urteilsschemas einer ursprünglichen oder abgeleiteten Relation auf eine ihr eigene bestimmte Gegenstandskategorie bezogen ist. — Ist der zugrundeliegende Operationsbereich der am Anfang dieses Paragraphen beschriebene der natürlichen Zahlen, ohne daß noch etwas Weiteres hinzukommt, so gelangen wir zur *reinen Zahlenlehre*, welche das Kernstück der Mathematik ausmacht; ihre Begriffe und Tatsachen sind offenbar für *jede* mathematische Disziplin von Bedeutung.

Gehören die natürlichen Zahlen zum Operationsbereich, so tritt zu den in § 2 aufgezählten Definitionsprinzipien ein neues wichtiges, spezifisch mathematisches hinzu, das Prinzip der *Iteration* (Definition durch vollständige Induktion), vermöge dessen die natürlichen Zahlen erst mit den Gegenständen der übrigen Kategorien des zugrunde liegenden Operationsbereichs (wenn solche vorhanden) in Verbindung treten. In der reinen Zahlenlehre ist es z. B. erforderlich, um aus F die fundamentalen arithmetischen Relationen

$$m < n \quad | \quad m + n = p \quad | \quad m \cdot n = p$$

herstellen zu können (vgl. Kap. II, § 1). In den Grundlagen der Geometrie muß es zur Begründung des *Messens* herangezogen werden. Dabei handelt es sich darum, aus der Relation $\mathfrak{a} + \mathfrak{b} = \mathfrak{c}$ für irgend drei Vektoren $\mathfrak{a}$, $\mathfrak{b}$, $\mathfrak{c}$ die Relation $n\mathfrak{a} = \mathfrak{b}$ herzuleiten, in welcher n eine beliebige natürliche Zahl ist. Die erste Relation möge auch mit $\sigma(\mathfrak{a}\,\mathfrak{b}\,\mathfrak{c})$, die zweite mit $M(\mathfrak{a}\,\mathfrak{b}\,n)$ bezeichnet werden; diese wird rekursiv auf jene zurückgeführt durch die Forderungen:

$M(\mathfrak{a}\,\mathfrak{b}\,1)$ bedeutet $\mathfrak{a} = \mathfrak{b}$ $\{$oder $J(\mathfrak{a}\,\mathfrak{b})\}$;

$M(\mathfrak{a}\,\mathfrak{b}, n + 1)$ bedeutet: es gibt einen Vektor $\mathfrak{x}$, so daß $M(\mathfrak{a}\,\mathfrak{x}\,n) \cdot \sigma(\mathfrak{a}\,\mathfrak{x}\,\mathfrak{b})$.

Eine allgemeine Formulierung des hier in Funktion tretenden Iterationsprinzips müssen wir bis zum § 7 verschieben.

An der natürlichen Zahlenreihe hängt der Cantorsche Begriff der *Abzählbarkeit*, der bekanntlich zu der *Richardschen Antinomie* Veranlassung gegeben hat. Deren gewöhnliche Fassung lautet so: Die möglichen Kombinationen endlichvieler Buchstaben bilden eine abzählbare Menge, und da jede bestimmte reelle Zahl sich durch endlichviele Worte definieren lassen muß, kann es nur abzählbar viele reelle Zahlen geben — im Widerspruch mit Cantors klassischem Theorem und dessen Beweis. Zur Diskussion dieser Antinomie ersetzen wir den Begriff „reelle Zahl" durch „Menge natürlicher Zahlen". Wir legen als Operationsbereich die natürlichen Zahlen zugrunde mit der einzigen ursprünglichen Relation F. Die natürlichen Zahlen sind dann samt und sonders Individuen, und wir können daher das Pr. 5 von § 2 bei der Bildung der abgeleiteten Eigenschaften und Relationen ganz ausschalten. Hingegen fügen wir das noch nicht endgültig formulierte Iterationsprinzip hinzu. Es ist dann gewiß, daß sich der „Erzeugungsprozeß" der Urteilsschemata der abgeleiteten Eigenschaften und Relationen so regeln läßt, daß diese dabei in eine „abgezählte" Reihe geordnet werden. Den auftretenden Eigenschaften entsprechen gemäß § 4 die eindimensionalen Zahlmengen, und durch den angedeuteten Prozeß werden also im gleichen Sinne auch alle möglichen Mengen natürlicher Zahlen in eine abgezählte Reihe geordnet. Dies, scheint mir, ist der richtige Kern der Richardschen Antinomie, wie wir ihn hier auf Grund unserer durch die Erzeugungsprinzipe geleisteten sachlichen Präzisierung des Begriffs der „endlichen Definition" herausschälen können. Dagegen wird die Abzählbarkeit aller Zahlmengen in einem ganz andern und, wie ich glaube, für die Mathematik allein in Frage kommenden Sinn durch den Cantorschen Beweis in der Tat widerlegt. Es existiert in unserem Operationsbereich keine binäre Zahlrelation $R(xy)$ von folgender Art: zu jeder (einer abgeleiteten Eigenschaft entsprechenden eindimensionalen) Zahlmenge existiert eine Zahl a so beschaffen, daß jene Zahlmenge mit derjenigen identisch ist, welche der Eigenschaft $R(xa)$ entspricht (der Menge aller Zahlen x, die zu a in der Beziehung $R(xa)$ stehen). Der Cantorsche Beweis dieses Satzes besteht einfach darin, daß man die der Eigenschaft $\bar{R}(xx)$ entsprechende Zahlmenge betrachtet: ihr kann gewiß eine Zahl a in der geforderten Weise nicht zugehören. — Fassen wir den Begriff der Abzählbarkeit der Anweisung dieses Beispiels gemäß, so *liegt natürlich gar kein Grund vor, anzunehmen, daß in jeder unendlichen Menge eine abzählbare Teilmenge enthalten sein müßte:* eine Konsequenz, vor der ich durchaus nicht zurückschrecke.

§ 6. Iteration des mathematischen Prozesses. Der circulus vitiosus der Analysis.

Wir gingen aus von einem Operationsbereich, d. i. von einer oder mehreren einzelnen Gegenstandskategorien, den „*Grundkategorien*", und gewissen einzelnen, an Gegenständen dieser Kategorien unmittelbar aufgewiesenen „*ursprünglichen*" Eigenschaften und Relationen. Jede der einzelnen „Leerstellen" einer Relation (sowohl der ursprünglichen als der abgeleiteten) ist bezogen auf eine bestimmte Gegenstandskategorie, derart, daß sinnvollerweise nur ein Gegenstand dieser Kategorie zur Ausfüllung der betr. Leerstelle dienen kann. Die Kategorie »natürliche Zahl« zusammen mit der auf sie bezüglichen ursprünglichen Relation F nennen wir den *absoluten* Operationsbereich. Wir nehmen an, daß der zugrunde liegende Operationsbereich diesen absoluten (in einem ohne weiteres verständlichen Sinne) enthält. Aus den ursprünglichen Eigenschaften und Relationen gingen die abgeleiteten hervor, und jeder ursprünglichen oder abgeleiteten subjekt-geordneten Relation entsprach durch den mathematischen Prozeß eine ein- oder mehrdimensionale Menge. Die Kategorie, welcher eine solche Menge zugehört, bestimmt sich durch die Zahl der Leerstellen derjenigen Relation, aus welcher sie entspringt, und durch die Gegenstandskategorien, auf welche jede dieser Leerstellen in der festgesetzten Reihenfolge bezogen ist. — Alle diese Eigenschaften und Relationen, korrespondierenden Mengen und funktionalen Zusammenhänge wollen wir für den Augenblick genauer als solche der *1. Stufe* bezeichnen.

Daß a, b .. ein Elementensystem einer Menge M bilden, ist eine Relation zwischen den Gegenständen a, b .. und der Menge M, die wir durch den Buchstaben ε kennzeichnen wollen. Von den Leerstellen dieser Relation ε bezieht sich also die eine auf eine gewisse Kategorie von Mengen 1. Stufe, die andere der Reihe nach auf dieselben Grundkategorien, auf welche die Leerstellen der Mengen jener Kategorie (bzw. der Relationen, welchen sie korrespondieren) bezogen sind. Den Grundkategorien fügen wir jetzt die verschiedenen Kategorien ein- und mehrdimensionaler Mengen hinzu, den auf die Grundkategorien bezüglichen ursprünglichen Eigenschaften und Relationen die Relation ε, durch welche die Gegenstände jener Grundkategorien mit den Mengen verknüpft werden. Auf diese Weise entsteht ein erweiterter Operationsbereich, auf den wir von neuem den „mathematischen Prozeß" anwenden können; wir gelangen dadurch zu (ein- und mehrdimensionalen) *„Mengen 2. Stufe"*, deren Leerstellen, allgemein zu reden, zum Teil auf Grundkategorien, zum Teil auf Kategorien von Mengen 1. Stufe bezogen sind. Solchergestalt kann der mathematische Prozeß nicht nur einmal, sondern beliebig oft iteriert werden.

Wir müssen dem Umstande Beachtung schenken, daß auf der 2. Stufe auch neue Mengen auftreten können, deren Leerstellen alle auf Grundkategorien bezogen sind. Dies wird insbesondere dann geschehen, wenn beim Aufbau einer zu dem „erweiterten" Operationsbereich gehörigen Relation R nach den Prinzipien des § 2 gewisse auf Kategorien von Mengen 1. Stufe bezogene Leerstellen durch den $*$ »es gibt« ausgefüllt werden, R selber aber keine derartige Leerstelle mehr enthält. Das Bestehen dieser Relation („2. Stufe") R ist alsdann daran geknüpft, daß es eine Menge — *d. h. daß es eine Relation 1. Stufe gibt von solcher Beschaffenheit, daß* · · · . Es ist klar, daß R den Relationen der 1. Stufe als eine solche von völlig andrer Art gegenübertritt. In Zirkel ohne Ende würde man sich verstricken, wenn man hier, die Stufenunterschiede nicht berücksichtigend, von einer Relation sprechen wollte, deren Bestehen daran geknüpft ist, daß es eine Relation gibt, so beschaffen, daß ... — in Sinnlosigkeiten und Widersprüche völlig analog dem bekannten Russellschen, welcher von der Menge aller Mengen handelt, die sich nicht selbst als Element enthalten. (Ich behaupte und werde dies alsbald näher ausführen, daß sich unsere heutige Analysis auf Schritt und Tritt in solchen Zirkeln bewegt.) Bei der Bildung der Relation R wird der Existenzbegriff in der gleichen Weise auf die *Relationen* (1. Stufe) wie auf die *Gegenstände* der Grundkategorien angewendet, insofern Pr. **6** (Ausfüllung durch »es gibt«) sowohl für Leerstellen Verwendung findet, die sich auf eine Grundkategorie beziehen, wie für solche, die auf eine Kategorie von Mengen 1. Stufe bezogen sind. Es erscheint natürlich, diese Verwendung des Existenzbegriffs auf die Gegenstände der Grundkategorien zu *beschränken* und dementsprechend bei der Iteration des mathematischen Prozesses *sich der beiden Ausfüllungsprinzipe* **5.** *und* **6.** *immer nur für Leerstellen zu bedienen, die auf eine Grundkategorie bezogen sind.**) Bei diesem *„engeren Verfahren“* ist es dann klar, daß mit den Mengen und funktionalen Zusammenhängen 1. Stufe diejenigen, welche zwischen Gegenständen der Grundkategorien bestehen, erschöpft sind, so daß auf der 2. und den höheren Stufen neue Mengen und funktionale Zusammenhänge dieser Art nicht mehr hinzukommen. Bei Befolgung des engeren Verfahrens brauchen wir demnach die verschiedenen Stufen nicht mehr zu unterscheiden, da die Stufe, auf der eine Menge steht, bereits durch die Kategorie, der sie zugehört, mitbestimmt ist. Eine dreidimensionale Menge z. B., in der die ersten beiden Leerstellen auf Grundkategorien, die letzte aber auf eindimensionale Mengen von Gegenständen einer gewissen Grundkategorie bezogen ist, wird zur 2. Stufe zu rechnen sein. —

Wir gehen dazu über, diese Betrachtungen auf die Grundlagen der *Analysis* anzuwenden. Um uns nicht mit Außerwesentlichem aufzuhalten, wollen wir dabei sogleich unsern Ausgang von den

*) Die prinzipielle Bedeutung des engeren Verfahrens geht am deutlichsten aus folgender Bemerkung hervor: Nur bei Befolgung des engeren Verfahrens bleiben die Gegenstände der Grundkategorien unverrückt das eigentliche Objekt unserer Untersuchung: andernfalls wird die Fülle der abgeleiteten Eigenschaften und Relationen ebensosehr zum Erkenntnisobjekt wie das Reich jener ursprünglichen Gegenstände. Finite Urteile, d. h. solche, die unter den Einschränkungen des engeren Verfahrens gebildet sind, setzen zu ihrer Entscheidung nur die Überblickung dieser Grundgegenstände voraus, »transfinite« außerdem die volle Überblickung aller abgeleiteten Eigenschaften und Relationen.

rationalen Zahlen nehmen und nicht ab ovo mit den natürlichen Zahlen beginnen.*) Den zugrunde liegenden Operationsbereich beschreibe ich demnach folgendermaßen: 1. die Kategorie „natürliche Zahl“ und die auf sie bezügliche binäre Relation F; 2. die Kategorie „rationale Zahl“**), die ternären Relationen

$$\sigma(xyz): x + y = z, \quad \pi(xyz): x \cdot y = z$$

und die Eigenschaft $P(x)$: »x ist positiv«, deren Leerstellen sich auf diese Kategorie beziehen.

Nach Dedekind wollen wir eine *reelle Zahl* α charakterisieren durch die Menge derjenigen rationalen, welche kleiner sind als α. Wir definieren demnach: Unter reeller Zahl verstehen wir eine (eindimensionale) Menge α rationaler Zahlen mit folgenden Eigenschaften:

a) ist r ein Element von α, so auch jede rationale Zahl r', für welche $r - r'$ positiv ist; *b*) es gibt jedoch zu jedem Element r von α eine der Menge α als Element angehörige rationale Zahl r^*, für welche $r^* - r$ positiv ist; *c*) es gibt Elemente von α, aber nicht jede rationale Zahl ist Element von α.

Der Umstand, daß r Element von α ist, werde auch durch die Worte ausgedrückt: r ist kleiner als α, in Zeichen: $r < \alpha$.

Wie aber soll hier der Begriff »Menge« verstanden werden? Es ist, um zur Analysis zu gelangen, gewiß nicht ausreichend, den mathematischen Prozeß nur *einmal* anzuwenden; denn es gilt, nicht bloß reelle Zahlen, sondern auch Mengen reeller Zahlen und funktionale Zusammenhänge zwischen ihnen zu studieren. Sollen wir nun bei der Iteration das „engere Verfahren“ befolgen oder nicht? Tun wir es *nicht*, so kommen wir zu einer Analysis „mit Stufenbildung,“ in der es reelle Zahlen 1., 2., 3., . . . Stufe gibt und ebenso Funktionen verschiedener Stufen, derart, daß z. B. eine Funktion der 2. Stufe nur einen Sinn hat für Argumentwerte der 1. und 2. Stufe. Diese Analysis würde freilich dann in die uns vertraute übergehen, wenn wir überall, wo von Mengen und funktionalen Zusammenhängen die Rede ist (namentlich in Verbindung mit dem Wörtlein »es gibt«), den Zusatz »der 1. (oder der 2., . . .) Stufe« unterdrücken dürften, wenn wir so verfahren würden, als ob die Eigenschaften 2. Stufe (die doch erst auf Grund der *Gesamtheit* der Eigenschaften 1. Stufe

*) Eingehender und systematisch wird der Aufbau des Zahlbegriffs in Kap. II. vollzogen werden.

**) Die natürlichen Zahlen betrachte ich hier als eine eigene, nicht in der der rationalen Zahlen enthaltene Kategorie.

definiert werden können) mit zu diesem ursprünglichen Kreis von Eigenschaften 1. Stufe gehörten. Aber gerade dadurch würden alle Definitionen und Beweise die Form des circulus vitiosus annehmen. Sei z. B. M eine beschränkte Menge von reellen Zahlen 1. Stufe. Um ihre *obere Grenze* zu konstruieren, hat man eine Menge γ von rationalen Zahlen zu bilden, der eine rationale Zahl r dann und nur dann als Element zugehört, falls es eine zu M gehörige reelle Zahl der 1. Stufe *gibt*, welche größer ist als r. Diese Menge γ hat die Eigenschaften *a*), *b*), *c*), und ist mithin eine reelle Zahl, *aber eine solche der 2. Stufe*, da bei ihrer Definition das »es gibt« in Verbindung mit »eine reelle Zahl der 1. Stufe« (d. h. »eine Menge 1. Stufe von rationalen Zahlen« oder »eine ursprüngliche oder abgeleitete Eigenschaft 1. Stufe«) auftritt. — Der durch die nebelhafte Natur des üblichen Mengen- und Funktionsbegriffs verhüllte circulus vitiosus, auf den wir hier hinweisen, ist nicht etwa ein leicht zu beseitigender formaler Fehler im Aufbau der Analysis. Die Erkenntnis seiner fundamentalen Bedeutung ist etwas, was sich nun eben nicht durch viele Worte an den Leser heranbringen läßt. Je deutlicher man sich aber das logische Gewebe der Analysis zur Gegebenheit bringt, je tiefer und vollständiger der Bewußtseinsblick es durchschaut, um so klarer wird es, daß bei der heutigen Begründungsweise sozusagen jede Zelle des gewaltigen Organismus von diesem Gift des Widerspruchs durchsetzt ist; und daß eine durchgreifende Kontrolle nötig ist, um hier Abhilfe zu schaffen.

Eine Analysis „mit Stufenbildung“ ist künstlich und unbrauchbar. Sie verliert ihr eigentliches Erkenntnisobjekt, die Zahl, aus dem Auge (vgl. die Anm. auf S. 21). Es ist klar, daß wir den andern Weg einschlagen müssen — nämlich den Existenzbegriff nur hinsichtlich der Grundkategorien (hier der natürlichen und rationalen Zahlen), nicht aber mit Bezug auf das System der Eigenschaften und Relationen (oder der ihnen korrespondierenden Mengen, reellen Zahlen u. dgl.) anzuwenden haben; mit andern Worten: es ergibt sich als das einzig Natürliche, *das engere Iterationsverfahren zu befolgen.* Nur dies Verfahren garantiert auch dafür — was mit Rücksicht auf die *Anwendungen* von entscheidender Bedeutung ist —, daß alle Begriffe und Tatsachen, Größen und Operationen einer solchen „Präzisionsanalysis“ als Idealisierungen analoger Dinge in einer mit „Ungefähr-Zahlen“ operierenden Approximationsmathematik zu fassen sind. Ein Satz wie der oben erwähnte, daß jede beschränkte Menge reeller Zahlen eine obere Grenze besitzt, muß dann freilich preisgegeben werden; wir lassen uns durch solche Opfer an dem Wege, den wir eingeschlagen, nicht irre machen.*)

Es fragt sich noch, wie wir den *Funktionsbegriff* zu fassen haben. Es handle sich etwa um Funktionen $x(t)$, deren unabhängige Variable t irgend eine Gegenstandskategorie $\mathfrak{k}$ durchläuft (z. B. die natürlichen Zahlen), deren Wert aber eine reelle Zahl ist. Sei $R(xt)$ eine binäre Relation, deren Leerstelle x sich auf eindimensionale Mengen von rationalen Zahlen, deren Leerstelle t sich auf die Kategorie $\mathfrak{k}$ bezieht. Gehört zu jedem Gegenstand t dieser Kategorie — oder zu jedem Element t einer eindimensionalen Menge solcher Gegenstände — eine und nur eine Menge x von rationalen Zahlen mit den Eigenschaften *a*), *b*), *c*) derart, daß jene Relation R besteht, so ist diese „reelle Zahl" x eine Funktion von t: das wäre die eine mögliche Fassung des Funktionsbegriffs. Natürlicher erscheint die folgende: Eine reelle Zahl x ist gegeben als eine Menge rationaler Zahlen, welche durch eine gemeinsame Eigenschaft charakterisiert sind; x wird abhängig von t sein, wenn in diese Eigenschaft ein willkürlicher Gegenstand t der Kategorie $\mathfrak{k}$ eingeht, d. h. wenn jene *Eigenschaft* aus einer binären *Relation* $S(\circ\circ)$ — deren erste Leerstelle auf die Kategorie der rationalen Zahlen, deren zweite auf $\mathfrak{k}$ bezogen ist — dadurch hervorgeht, daß die zweite Leerstelle durch t ausgefüllt wird: die der Eigenschaft $S(\circ t)$ entsprechende Menge x rationaler Zahlen ist von t *abhängig* oder eine *Funktion* von t. Insbesondere kann es sich ereignen, daß für jeden Gegenstand t der Kategorie $\mathfrak{k}$ oder auch nur für jedes Element t einer aus Gegenständen dieser Kategorie bestehenden Menge jene zugehörige Menge x die Eigenschaften *a*), *b*), *c*) einer reellen Zahl hat.

Bei der ersten Fassung würde nicht einmal der Satz richtig sein, daß die Summe zweier Funktionen wieder eine Funktion ist. Sind nämlich $R(xt)$, $R'(xt)$ die beiden Relationen, welche den Funktionen zugrunde liegen, und bezeichnet $\Sigma(xyz)$ die Relation $x + y = z$ für reelle Zahlen, so entspringt die Summe der Funktionen aus einer Relation, die folgendermaßen zu bilden wäre:

$$R(xt) \cdot R'(yt) \cdot \Sigma(xyz) = RR'\Sigma(xyzt)\,; \qquad RR'\Sigma(**zt)\,.$$

Zu ihrer Bildung müßte demnach der $*$ »es gibt« zur Ausfüllung

*) In der Wissenschaft gibt es nur „Gesetze", keine „Gebote". So soll denn auch hier nicht etwa „verboten" werden, den Terminus »es gibt« in Verbindung mit Gegenständen zu gebrauchen, die nicht zu den Grundkategorien gehören. Es ist natürlich durchaus möglich (und zulässig), das weitere Verfahren zu befolgen; tut man es, so tue man es aber in zirkelfreier Weise!

einer Leerstelle benutzt werden, welche sich nicht auf die Grundkategorien bezieht; das ist aber bei Befolgung des engeren Verfahrens, für das wir uns entscheiden mußten, unzulässig. Hingegen ist bei der zweiten Fassung des Funktionsbegriffs evidentermaßen die Summe zweier Funktionen wieder eine Funktion. Ferner zeigte sich im vorigen Paragraphen: Cantors Beweis des Satzes, daß das Kontinuum nicht abzählbar ist — d. h. daß es keine Funktion $T(n)$, welche jeder natürlichen Zahl n eine Menge T natürlicher Zahlen zuordnet, von solcher Art gibt, daß dabei jede Menge von natürlichen Zahlen als Funktionswert auftritt —, setzt voraus, daß der Begriff »Funktion« im zweiten Sinne genommen wird. Auch gilt — was natürlich für den Aufbau der Analysis ausschlaggebend ist — für die zweite Fassung das *Cauchy'sche Konvergenzprinzip* (vgl. Kap. II).

Durch alle diese Umstände lassen wir uns zu dem folgenden Funktionsbegriff führen (einmal auf ihn aufmerksam geworden, erfassen wir auch unmittelbar seine Bedeutsamkeit): Die Leerstellen einer Relation, z. B. $R(uv \mid xyz)$, seien in zwei geordnete Gruppen, die *abhängigen* uv und die *unabhängigen* Leerstellen xyz, geteilt. Dadurch, daß wir die unabhängigen Leerstellen je durch einen beliebigen Gegenstand x bzw. y bzw. z ihrer Kategorie ausfüllen, entsteht aus R eine Relation $R(\acute{o}\, o \mid xyz)$, welche nur noch die (geordneten) „abhängigen" Leerstellen besitzt; ihr entspricht eine zweidimensionale Menge $\Phi(xyz)$, welche von x, y, z *abhängt* oder eine *Funktion* der „Werte" der unabhängigen Variablen x, y, z ist. (Während aber so von den zur Ausfüllung benutzten Gegenständen — den Werten der unabhängigen Variablen — die sich ergebende Menge — der „*Funktionswert*" — abhängig ist, ist die *Kategorie*, welcher sie angehört, an sich bestimmt, nämlich die Kategorie derjenigen zweidimensionalen Mengen, deren Leerstellen sich auf die gleichen Gegenstandskategorien beziehen wie u und v in R.) Gemäß unserer Erklärung sind die Beziehungen

$$R(uv \mid xyz) \quad \text{und} \quad \varepsilon(u, v;\ \Phi(xyz))$$

gleichbedeutend.

Beispiel: Wir nehmen für R die Negation der Beziehung ε: $\bar{\varepsilon}(xX)$, in der sich die Leerstelle x auf eine bestimmte Gegenstandskategorie bezieht, die Leerstelle X auf diejenige Kategorie eindimensionaler Mengen, deren Elemente der eben genannten Gegenstandskategorie angehören. Nehmen wir x als Abhängige, X als Unabhängige, so erhalten wir daraus die Funktion $\Phi(X)$, deren Wert für jede Menge X die *Komplementärmenge* $\bar{X}$ von X ist. Hier haben wir eine der einfachsten Funktionen einer Variablen, bei welcher das unabhängige „Argument“ und der Funktionswert der gleichen Kategorie angehören.

§ 7. Substitutions- und Iterationsprinzip.

Der natürliche Funktionsbegriff, auf den unser Blick jetzt gelenkt ist, gestattet die endgültige und allgemeine Formulierung des Prinzips der Iteration, auf das schon in § 5 hingewiesen wurde. Wir nehmen damit unsere allgemeinen, von einem beliebigen Operationsbereich ausgehenden Betrachtungen wieder auf. Dem Iterationsprinzip muß das der *Substitution* vorausgeschickt werden.

7. $R(uv \mid xyz)$ und $S(xwU)$ seien zwei Relationen, die Leerstelle U (in S) beziehe sich auf diejenige Kategorie zweidimensionaler Mengen, deren Leerstellen auf die zu den Leerstellen u, v in R gehörigen Kategorien bezogen sind; die mit x bezeichneten Leerstellen in R und S beziehen sich beide auf dieselbe Gegenstandskategorie. Fasse ich in der Relation R die Leerstellen uv als die abhängigen auf, so entspringt aus ihr die Funktion $\Phi(xyz)$, deren Wert der zur Leerstelle U gehörigen Mengenkategorie angehört.*) Wir bilden die Relation $S(x, w, \Phi(xyz))$ (mit den vier Leerstellen $xyzw$).

Um der einfacheren Ausdrucksweise willen haben wir das Prinzip an einem Beispiel formuliert; es ist aber ohne weiteres klar, wie es allgemein verwendet werden soll. Wir lassen als Grenzfall auch den zu, daß R *gar keine* unabhängigen Leerstellen besitzt, für die Leerstelle U in S demgemäß eine bestimmte, durch eine gegebene subjekt-geordnete Relation R definierte Menge eintritt. Das Substitutionsprinzip spielt mithin für Leerstellen, die sich auf Kategorien von Mengen beziehen, die gleiche Rolle wie Pr. 5 in § 2 für die Ausfüllung solcher Leerstellen, die sich auf eine Grundkategorie beziehen; es führt aber die Erweiterung mit sich, daß zur Substitution nicht nur eine *bestimmte* Menge, sondern auch eine *Funktion* verwendet werden kann.

8. (*Prinzip der Iteration.*) $R(xx' \mid X)$ sei eine Relation, deren Leerstellen in die beiden geordneten Gruppen der abhängigen xx' und der unabhängigen X geteilt sind; die unabhängige Leerstelle X beziehe sich auf diejenige Kategorie von zweidimensionalen Mengen, deren Leerstellen ihrerseits sich auf dieselben Gegenstandskategorien be-

*) Man hüte sich, die durch $U = \Phi(xyz)$ ausgedrückte Relation zwischen x, y, z und U einzuführen! Man würde sich von neuem in die Zirkel verstricken, denen wir kaum entronnen sind. Vgl. § 8.

ziehen wie die abhängigen Leerstellen $x x'$ in R. Die aus R entspringende Funktion werde mit $\Phi(X)$ bezeichnet; ihr Wert ist eine Menge derselben Kategorie wie der Wert des Arguments X (vgl. das Beispiel am Schluß des § 6). Gemäß dem Substitutionsprinzip kann man bilden

$$R_2(x x' \mid X) = R(x x' \mid \Phi(X))$$

[die aus R_2 entspringende Funktion ist die iterierte $\Phi(\Phi(X))$]. Die Relation R werde auch mit R_1 bezeichnet. Aus R_2 kann man wiederum

$$R_3(x x' \mid X) = R_2(x x' \mid \Phi(X))$$

bilden usf.; derart, daß allgemein für jede natürliche Zahl n

$$R_{n+1}(x x' \mid X) = R_n(x x' \mid \Phi(X))$$

ist und R_1 mit R übereinstimmt. *Wir fassen* $R_1, R_2, R_3, \ldots$ *auf als diejenigen Relationen, welche aus einer einzigen*

$$R(n; x x' \mid X)$$

dadurch entspringen, daß die auf die Kategorie „natürliche Zahl" bezogene Leerstelle n *der Reihe nach ausgefüllt wird durch* $1, 2, 3, \cdots$.

Dieses Prinzip bringt die Bedeutung der natürlichen Zahlen zur Geltung; denn deren Reihe ist das allgemeine abstrakte Schema eines Vorgangs, der aus der Iteration (immer wiederholten Ausübung) eines elementaren Prozesses besteht. Das Prinzip muß aber noch in dreierlei Hinsicht erweitert werden, um seine allgemeinste Form zu erhalten. *Erstens* können in R neben der unabhängigen Leerstelle X noch andere vorkommen, welche von der Iteration nicht mitbetroffen werden. *Zweitens* können statt X mehrere Leerstellen simultan der Iteration unterworfen werden. Beispielsweise seien

$$R(x x' \mid X Y), \quad S(y \mid X Y)$$

zwei Relationen, deren Leerstellen in der angedeuteten Weise in die abhängigen und unabhängigen geteilt sind; daraus entspringen dann zwei Funktionen $\Xi(X Y)$, bzw. $H(X Y)$. Die Leerstelle X möge sich auf dieselbe Kategorie zweidimensionaler Mengen beziehen, welcher der Funktionswert Ξ angehört; die Leerstelle Y auf diejenige Kategorie eindimensionaler Mengen, welcher der Funktionswert H angehört. Damit sind die Bedingungen für die Bildung iterierter Relationen gegeben:

$$R(1;\ xx' \mid X Y) = R(xx' \mid X Y);\quad R(n+1;\ xx' \mid X Y) = R(n;\ xx' \mid \Xi(X Y),\ H(X Y))$$
$$S(1;\ \ y \mid X Y) = \ S(y \mid X Y);\quad S(n+1;\ \ y \mid X Y) = S(n;\ \ y \mid \Xi(X Y),\ H(X Y)).$$

Endlich kann *drittens* die beim $n$ten Schritt zu substituierende Funktion selber von n abhängen. Es sei also $R(x x' \mid X n)$ eine Relation, deren letzte Leerstelle n sich auf die Kategorie »natürliche Zahl« bezieht; für die übrigen Leerstellen mögen dieselben Annahmen zutreffen wie oben. Die entspringende Funktion werde mit $\Phi(Xn)$ bezeichnet. Die Iteration, welche zur Bildung der Relation R^* führt, wird beschrieben durch die Formeln

$$R^*(xx' \mid X1) = R(xx' \mid X1)\ ,$$
$$R^*(xx' \mid X, n+1) = R^*\big(xx' \mid \Phi(X, n+1), n\big)\ .$$

Das Iterationsprinzip, bei weitem das komplizierteste von allen, ist das in spezifischem Sinne *mathematische*. Als Beispiel seiner Anwendung betrachten wir die in § 5 erwähnte Vektor-Vervielfältigung. Kleine deutsche Buchstaben bedeuten Leerstellen, die sich auf die Kategorie »Vektor« beziehen, mit großen deutschen Buchstaben bezeichnete Leerstellen sind auf die Kategorie »zweidimensionale Vektor-Menge« bezogen. $\mathfrak{X}_0$ bedeute diejenige dieser Mengen, welche der Relation $\sigma(\mathfrak{x}\mathfrak{y}\mathfrak{x})$ entspricht. Man bilde

$$\varepsilon(\mathfrak{x}\mathfrak{z}\mathfrak{X}) \cdot \sigma(\mathfrak{x}\mathfrak{z}\mathfrak{y}) \big|_{\mathfrak{z} = *} = R(\mathfrak{x}\mathfrak{y} \mid \mathfrak{X})\ ;$$

daraus durch Iteration: $R(n\ ;\ \mathfrak{x}\mathfrak{y} \mid \mathfrak{X})$. $R(n\ ;\ \mathfrak{x}\mathfrak{y} \mid \mathfrak{X}_0)$ ist die Beziehung $\mathfrak{y} = n\mathfrak{x}$.

Ein anderes Beispiel! Wir wollen zeigen, daß die *Anzahl* einer aus Elementen einer bestimmten Grundkategorie bestehenden Menge eine Funktion dieser Menge ist und wollen diese Funktion konstruieren. Kleine lateinische Buchstaben beziehen sich auf jene Grundkategorie, große lateinische auf eindimensionale Mengen von Gegenständen jener Kategorie, große griechische auf eindimensionale Mengen solcher Mengen. Ω bedeutet in der letzten Kategorie die „Allmenge" (in jeder Mengenkategorie gibt es eine Nullmenge und eine Allmenge). In der Relation

$$\varepsilon(yX) \cdot J(xy)\ \{\text{d. h. } y \text{ ist Element von } X \text{ und verschieden von } x\}$$

betrachte man y als die Abhängige; es entspringt daraus die Funktion $F(xX)$ {„die Menge aller von x verschiedenen Elemente von X"}. Diese substituiere man in $\varepsilon(U\Xi)$ für U: $\varepsilon\big(F(xX), \Xi\big)$ und bilde

$$\varepsilon\big(F(xX)\ ,\ \Xi\big) \cdot \varepsilon(xX) \big|_{x=*} = \partial(X \mid \Xi)$$

{„es gibt ein Element x von X derart, daß alle von x verschiedenen Elemente der Menge X ihrerseits eine Menge bilden, welche Element von Ξ ist"}. Die Beziehung wird iteriert: $\partial(n\ ;\ X \mid \Xi)$. $\partial(n\ ;\ X \mid \Omega) = \alpha(nX)$ bedeutet dann: X besteht aus mindestens n Elementen („es ist möglich, $n$mal hintereinander ein Element aus X fortzustreichen"). Die Nullmenge in der Kategorie der eindimensionalen Mengen natürlicher Zahlen nennen wir die „Anzahl 0", die Allmenge die „Anzahl ∞“; die Menge der natürlichen Zahlen $\leqq n$ die „Anzahl n“ (es ist die Normalmenge von n Elementen, auf die jede andere durch das Zählen zurückgeführt wird). Betrachten wir in der Relation $\alpha(nX)$ n als die Abhängige, X als die Unabhängige, so entspringt aus ihr die Funktion $\mathfrak{N}(X)$ = Anzahl der Elemente von X. Sie ist 0 nur für die Nullmenge, ∞ für alle *unendlichen* Mengen.*) Wir sehen so in exakter Weise, wie die Rolle, welche die Zahlen als „Kardinalzahlen“ zur Anzahlbestimmung spielen, auf ihre ursprüngliche, die Iteration in abstrakter Reinheit darzustellen, zurückgeführt werden kann.**)

Mit der Erweiterung der Tafel unserer Definitionsprinzipien ist naturgemäß zufolge der Ausführungen des § 3 über Logik eine Erweiterung der *Schlußformen* verbunden. So führt insbesondere das Iterationsprinzip den Bernoullischen »Schluß von n auf $n + 1$« (oder »Schluß durch vollständige Induktion«) mit sich.

§ 8. Endgültige Formulierung der Grundlagen. — Einführung idealer Elemente.

Wir müssen uns, da ich hier von einer überlieferten Vorstellung zu einer neuen hinüberzuführen habe, die freie Aussicht erst durch Gestrüpp hindurch erkämpfen; darum ist unser Weg nicht eben der geradeste. Wir sehen jetzt, nachdem das Substitutions- und das Iterationsprinzip hinzugetreten sind, daß der Gedanke einer Erzeugung der Relationen und zugehörigen Mengen in einzelnen *Stufen* (wobei auf der 1. Stufe alle Mengen auftreten, deren Elemente den Grundkategorien angehören, auf der 2. alle solchen Mengen, deren Leerstellen teils auf Grundkategorien, teils auf Kategorien von Mengen 1. Stufe bezogen sind, usf.) nicht mehr aufrechtzuerhalten ist. Durch das Substitutionsprinzip können nämlich offenbar „Rückschläge“ in frühere Stufen erfolgen. Doch sind wir hier gegen Definitionen, die infolge auftretender Zirkel sinnlos werden, gleichwohl gesichert, da die Anwendung des Existentialprinzips 6 auf die Grundkategorien beschränkt ist. Denken wir uns, was der Anschaulichkeit wegen zweckmäßig ist, die Relationen und zugehörigen Mengen genetisch „erzeugt“, so geschieht diese Erzeugung nicht stufenweise,

---

*) Es ist klar, daß die Dedekindsche Definition des Unendlichen („äquivalent einer echten Teilmenge“) für meinen Standpunkt nicht in Frage kommen kann.

**) Jedenfalls läßt sich dieser Standpunkt *logisch* vollständig durchführen. Ob nicht erkenntnistheoretisch doch der Anzahlbegriff etwas Primäres und vom Begriff der Ordinalzahl Unabhängiges ist, will ich hier nicht erörtern.

durch Iteration des in § 4 besprochenen mathematischen Prozesses; sondern sozusagen in lauter parallelen Einzelakten. Es handelt sich um die Gesamtheit aller Relationen, die sich aus den auf die Grundkategorien bezüglichen ursprünglichen Relationen und aus s durch die aufgestellten Definitionsprinzipe herleiten lassen. Dabei hat man jeder subjekt-geordneten Relation zunächst rein formal im Reiche der Gegenstände eine „Menge" entsprechen zu lassen.*) Zwischen sinnesgleichen Relationen bzw. zwischen den ihnen korrespondierenden Mengen braucht nicht unterschieden zu werden; aber darüber hinaus bleibt es vorerst völlig dahingestellt, ob die zwei sinnesverschiedenen Relationen entsprechenden Mengen gleich sind oder nicht. Bei der Definition der Relationen darf man demgemäß niemals von der Beziehung der Gleichheit zwischen *Mengen* Gebrauch machen. Ist nun R irgendeine so gebildete Relation, deren Leerstellen alle auf Grundkategorien bezogen sind, so ist die Behauptung, daß irgendwelche bestimmte Gegenstände dieser Kategorien die Relation R erfüllen, sinnvoll und an sich wahr oder falsch. Es ist demnach auch an sich wahr oder falsch, ob *alle* Elementensysteme, welche die Relation R erfüllen, eine gewisse ebensolche Relation R' erfüllen und umgekehrt; ist dies wahr, so hat man die beiden entsprechenden Mengen zu identifizieren. *Nachdem* so die Identifizierung der Mengen „1. Stufe" geleistet ist (ich drücke mich wieder genetisch aus), kann man zu Relationen übergehen, deren Leerstellen teils auf Grundkategorien, teils auf Kategorien von Mengen 1. Stufe bezogen sind; und es hat nun seinen guten Sinn, für irgend zwei solche Relationen zu fragen, ob die sämtlichen Elementensysteme, welche die eine erfüllen, auch der andern genügen. Danach vollzieht sich die Identifizierung der Mengen auf der 2. Stufe usf. *Das Wesentliche ist, daß von den Begriffen der Gleichheit und Existenz für Mengen bei der Definition der Relationen kein Gebrauch gemacht wird;* dadurch, aber auch nur dadurch vermeiden wir die Sinnlosigkeit der Zirkeldefinition.

Unter Aufhebung alles Provisorischen, d. h. des ganzen Inhalts von § 4 an, stellen wir jetzt die Prinzipien zur Bildung von Relationen in ihrer endgültigen Fassung zusammen.

I. Der Ausgangspunkt.

1) Eine oder mehrere einzelne Kategorien von Gegenständen, die „*Grundkategorien*"; einzelne an ihnen unmittelbar aufgewiesene Eigen-

---

*) Die Mengen dienen an dieser Stelle nur dazu, dem Umstande Rechnung zu tragen, daß Relationen zwischen Gegenständen ihrerseits auch wieder Gegenstände sind — zwischen denen neue Relationen bestehen können.

schaften und Relationen, die *„ursprünglichen Relationen“*. — bilden die Grundlage. [Jede Leerstelle einer Relation (bezw. ihres Urteilsschemas) ist bezogen auf eine bestimmte Gegenstandskategorie — so daß das Urteilsschema nur dann einen sinnvollen Satz ergibt, wenn jede Leerstelle durch einen Gegenstand der betr. Kategorie ausgefüllt wird.] Die Leerstellen der ursprünglichen Relationen sind jeweils bezogen auf bestimmte Grundkategorien. Den ursprünglichen Relationen fügen wir die *Identität* $J(xy)$ hinzu, deren beide Leerstellen x und y auf dieselbe Grundkategorie bezogen sind (die Beschränkung auf Grundkategorien ist dabei sehr wesentlich).

2) Jeder subjekt-geordneten Relation (mit einer oder mehreren Leerstellen) entspricht im Reich der Gegenstände eine *Menge*. Erfüllen z. B. die Gegenstände a, b, c in dieser Reihenfolge die ternäre subjekt-geordnete Relation R, so sagen wir, a, b, c bildeten ein Elementensystem der entsprechenden Menge P. Die Kategorie, welcher diese Menge zugehört, ist bestimmt durch die Kategorien, auf welche bezw. die erste, zweite und dritte Leerstelle von R bezogen sind. Als weitere Grundbeziehung führen wir die *Relation* ε ein, die z. B. zwischen a, b, c und P besteht, wenn a, b, c ein Elementensystem der Menge P bilden.

II. Die allgemeinen Prinzipien.

Es sind dies Pr. 1 bis 4 von § 2. Zu 2., 3., 4. ist dabei noch zu bemerken, daß selbstverständlich diejenigen Leerstellen, welche „in Deckung gebracht“ werden, auf *dieselbe* Gegenstandskategorie bezogen sein müssen.

III. Prinzipe der Ausfüllung.

Pr. 5 und 6 von § 2 mit der *Einschränkung*, daß die Leerstellen, welche durch unmittelbar aufgewiesene Gegenstände oder »es gibt« ausgefüllt werden, auf eine Grundkategorie bezogen sein müssen.

IV. Substitutions- und Iterationsprinzip.

Pr. 7 (in § 7). Dazu kommt, wenn der Operationsbereich, von dem wir ausgehen, — wie wir jetzt annehmen wollen — den *„absoluten“* enthält (vgl. § 6, Anfang), das Iterationsprinzip 8 in seiner durch die Zusätze festgelegten allgemeinsten Form.

V. Identifizierung. Mengen. Funktionen.

Wir betrachten die (Eigenschaften und) Relationen, welche gemäß I die Grundlage bilden, und alle, welche sich aus ihnen durch

Anwendung der in II, III, IV zusammengestellten Prinzipien ergeben; wo ein kurzes Wort erwünscht ist, nenne ich sie „finite" Relationen. Gilt für zwei subjekt-geordnete Relationen dieser Art, deren Leerstellen sich in der festgesetzten Reihenfolge je auf die gleichen Gegenstandskategorien beziehen, der Satz, daß jedes Elementensystem, welches der einen genügt, auch die andere erfüllt und umgekehrt, so sind die beiden korrespondierenden („finiten") Mengen miteinander identisch; andernfalls sind sie verschieden.

Jeder Relation R der geschilderten Art, deren Leerstellen in die zwei geordneten Gruppen der „abhängigen" und „unabhängigen" geteilt sind, entspricht eine *Funktion* Φ. Füllt man die unabhängigen je durch irgend einen Gegenstand ihrer Kategorie aus, so ist die Menge, welche der dadurch aus R hervorgehenden Relation entspricht, der *Wert* der Funktion Φ für das zur Ausfüllung benutzte „Argumentsystem". — Zwei (verschieden definierte) Funktionen sind dann und nur dann miteinander identisch, wenn ihre Werte für jedes System von Argumentwerten miteinander identisch sind.

Damit ist der „mathematisch erweiterte" Operationsbereich festgelegt; zu den Gegenständen der Grundkategorien sind die *Mengen* und *Funktionen* als Gegenstände neuer idealer Kategorien hinzugetreten; zu den ursprünglichen Eigenschaften und Relationen die Beziehung ε und diejenige, welche zwischen einer Funktion Φ (von zwei Argumenten z. B.), den Gegenständen a, b und dem Wert der Funktion Φ für das Argumentsystem a, b besteht. Dieser erweiterte Operationsbereich umfaßt im Sinne des § 1 ein geschlossenes System bestimmter, an sich existierender Gegenstände. Machen wir dieses System zum Objekt unserer Untersuchung, so handelt es sich, wenn wir hinsichtlich seiner zu einer vollkommenen Erkenntnis gelangen wollen, darum, von jedem, dieses System betreffenden *einschlägigen* Urteil zu entscheiden, ob es wahr oder falsch ist. Was dabei unter „einschlägigem Urteil" zu verstehen ist, geht aus § 2 hervor: es sind diejenigen Urteile (im eigentlichen Sinne, ohne Leerstellen), welche durch *uneingeschränkte* Anwendung der Prinzipien **1** bis **6** von § 2 aus den eben aufgezählten Grundrelationen des erweiterten Operationsbereichs entspringen; wobei diesen Grundrelationen gemäß § 2 die Identität (deren beide Leerstellen auf dieselbe, jetzt *beliebige* Gegenstandskategorie des erweiterten Bereichs bezogen sein können) hinzuzufügen ist. Zum Pr. **5** ist dabei noch zu bemerken: es geht aus der Natur der Mengen und Funktionen hervor, in welcher Weise sie „unmittelbar aufgewiesen“ werden können — nämlich dadurch, daß die Relationen, denen sie entsprechen, angegeben, d. i. mittels der unter II, III, IV zusammengestellten Prinzipien aus den unter I verzeichneten Grundlagen konstruiert werden. Beispielsweise wird zu fragen sein, ob von zwei gegebenen Mengen die eine eine Teilmenge der andern ist, ob eine gegebene Funktion einer reellen Variablen stetig sei u. dgl; jedoch existiert eine »Menge aller Teilmengen einer gegebenen Menge«*) oder eine »Menge aller stetigen Funktionen einer reellen Variablen« *in unserem Operationsbereich* nicht: sie ist nicht „finit“, sondern „transfinit“. In das Gebiet der durch *uneingeschränkte* Anwendung der Prinzipien des § 2 entspringenden, event. transfiniten Urteile und Urteilsschemata greifen wir bereits mit dem unter V. formulierten Kriterium für die Gleichheit zweier verschieden definierten Mengen oder Funktionen hinüber. —

Hiermit glaube ich eine einfache, vernünftige, ausreichende und *widerspruchsfreie* Grundlage für den Aufbau der Analysis gewonnen zu haben — im Gegensatz zu der bisher üblichen Begründung, welche sich zufolge ihres vagen Begriffs von Menge und Funktion und durch die Art und Weise, wie sie (namentlich auf reelle Zahlen) die Begriffe der Existenz und Gleichheit anwendet, in einen circulus vitiosus verwickelt sieht. Man kann die Prinzipien zur Bildung abgeleiteter Relationen, die wir aufgestellt haben, als *Axiome über Mengen und Funktionen* formulieren; und in der Tat wird die Mathematik so verfahren, daß sie die logischen Konsequenzen dieser Axiome zieht. —

Zum Schluß noch einige Worte über die *Einführung idealer Elemente* in der Mathematik! Nehmen wir als Beispiel die *Ideale* in der Theorie der algebraischen Zahlkörper. Diese werden folgendermaßen definiert. Jedes System $\mathfrak{s}$ endlichvieler ganzer algebraischer Zahlen bestimmt ein Ideal ($\mathfrak{s}$). Der Satz U: „die algebraische Zahl α ist teilbar durch das Ideal ($\mathfrak{s}$)“ soll besagen, daß zwischen α und $\mathfrak{s}$ eine gewisse Relation $R(\alpha, \mathfrak{s})$ besteht, die wir hier nicht näher zu erklären brauchen. Die Ideale erschöpfen ihre Bedeutung in ihrer Eigenschaft als Zahlteiler, d. h. in der Verwendung zu Aussagen der eben erwähnten Form U. Dementsprechend sind zwei Ideale ($\mathfrak{s}$) und ($\mathfrak{s}'$) dann und nur dann als identisch zu betrachten, wenn jede durch ($\mathfrak{s}$) teilbare Zahl auch durch ($\mathfrak{s}'$) teilbar ist und umgekehrt. Der Eigenschaft einer willkürlichen algebraischen Zahl, zu dem System $\mathfrak{s}$ in der Beziehung R zu stehen: $R(\circ, \mathfrak{s})$ entspricht also das Ideal ($\mathfrak{s}$) in der Weise, daß zwei Eigenschaften dieser Art dann

*) Wenn die letztere nicht aus Elementen einer Grundkategorie besteht.

und nur dann dasselbe Ideal korrespondiert, wenn diese beiden Eigenschaften, obwohl an sich verschiedenen Sinnes, materiell den gleichen Geltungsumfang haben. Gerade dies aber haben wir für den *Mengen*begriff als das allein Wesentliche hingestellt — in ausgesprochenem Gegensatz zu der üblichen Vorstellung der Menge als einer vom Bewußtsein überblickten „Versammlung" aller ihrer Elemente. Demgemäß können wir das Ideal geradezu als die der Eigenschaft $R(\mathfrak{o}, \mathfrak{s})$ korrespondierende Menge $M(\mathfrak{s})$ ansprechen, wie dies auch von Dedekind geschehen ist. Da die Einführung idealer Elemente in der Mathematik immer nach dem gleichen Schema vor sich geht — insbesondere auch dann, wenn sie mittels der sog. „Definition durch Abstraktion" geschieht*) —, ist *der Mengen- und Funktionsbegriff* völlig *ausreichend, um allen* derartigen *„Neubildungen" gerecht zu werden*; nur wird man sich natürlich von Fall zu Fall anderer Terminologien von größerer Prägnanz bedienen als jedesmal der mengentheoretischen, wie dies unser Beispiel ebenfalls deutlich macht.

Schlußbemerkungen.

Historisch hat der Funktionsbegriff eine doppelte Wurzel. Zu ihm führten *erstens* die in der materiellen Welt herrschenden *»naturgegebenen Abhängigkeiten«*, die einerseits darin bestehen, daß Zustände und Beschaffenheiten realer Dinge veränderlich sind in der *Zeit*, der unabhängigen Veränderlichen *κατ' ἐξοχήν*, anderseits in den *kausalen* Zusammenhängen zwischen Ursache und Wirkung. Eine *zweite*, von dieser ganz unabhängige Wurzel liegt in den arithmetisch-algebraischen Operationen. Der älteren Analysis schwebt demgemäß als *Funktion* ein Ausdruck vor, der aus den unabhängigen Variablen gebildet wird durch endlichmalige Anwendung der vier Spezies und einiger weniger elementarer Transzendenten. Zwar sind diese elementaren Operationen niemals klar und vollständig bezeichnet worden, und die historische Entwicklung hat immer wieder über allzu eng gezogene Schranken hinausgedrängt, ohne daß dies den Trägern der Entwicklung jedesmal zum Bewußtsein kam. — Die Stelle, an der die beiden einander zunächst ganz fremden Quellen des Funktionsbegriffs in Beziehung zueinander treten, ist der Begriff des *Naturgesetzes*; sein Wesen besteht eben darin, daß im Naturgesetz eine naturgegebene Abhängigkeit als eine auf rein begrifflich-arithmetische

*) Das Prinzip dieser Definition ist meines Wissens zuerst von Frege (Die Grundlagen der Arithmetik, §§ 63–68) aufgestellt worden — mit größerer Klarheit als von irgend einem Späteren und in vollem Bewußtsein der großen Bedeutung dieser Definitionsweise für die gesamte Mathematik.

Weise konstruierte Funktion dargestellt wird. Galileis Fallgesetze sind das erste große Beispiel. Die moderne Entwicklung der Mathematik hat zu der Einsicht geführt, daß die speziellen algebraischen Konstruktionsprinzipien, von denen die alte Analysis ausging, viel zu eng sind sowohl für einen logisch-natürlichen und allgemeinen Aufbau der Analysis wie auch mit Rücksicht auf die Rolle, welche der Funktionsbegriff für die Erkenntnis der das materielle Geschehen beherrschenden Gesetze zu übernehmen hat. An die Stelle jener *algebraischen* müssen allgemeine *logische* Konstruktionsprinzipien treten. Auf eine solche Konstruktion gänzlich verzichten, wie es die moderne Analysis dem Wortlaut ihrer Definitionen nach prinzipiell tun will (glücklicherweise ist auch hier das, was man sagt, und das, was man tut, zweierlei), hieße aber, sich ganz im Nebel verlieren; zugleich verflüchtigte sich damit der allgemeine Gedanke des Naturgesetzes ins Leere.

Mag es mir nun hier bereits gelungen sein, die erforderlichen allgemeinen logischen Konstruktionsprinzipien — welche einerseits auf den Begriffen »und, oder, nicht, es gibt« beruhen, anderseits auf den spezifisch mathematischen der Menge, der Funktion, der natürlichen Zahl (Iteration) — in ihrem ganzen Umfange ausfindig zu machen oder nicht (ihre Aufstellung ist jedenfalls nicht eine Sache der Konvention, sondern der logischen Erkenntnis): das Eine ist völlig gewiß, daß es mit dem negativen Teil meiner Ausführungen, der Kritik an den bisherigen Grundlagen der Analysis, dem Hinweis auf ihren Zirkelgang, seine Richtigkeit hat und man so verfahren muß, wie ich hier vorgegangen bin, um einen Ausweg zu finden.

Durch Tradition eingesponnen in jenen ja heut in der Mathematik zur unbedingten Herrschaft gelangten Gedankenkomplex, der vor allem an die Namen *Dedekind* und *Cantor* anknüpft, habe ich für mich den aus diesem Kreise herausführenden Weg gefunden und durchmessen, den ich hier abgesteckt habe. Erst nachdem dies geschehen, wurde ich mit den Ideen von *Frege* und *Russell* bekannt, welche durchaus in die gleiche Richtung weisen. Sowohl in seiner bahnbrechenden kleinen Schrift „Die Grundlagen der Arithmetik" (Breslau 1884) als auch in dem ausführlichen Werk „Grundgesetze der Arithmetik" (Jena 1893) betont Frege ausdrücklich, daß unter »Menge« nur der Umfang eines Begriffs, unter »Zuordnung« nur der Umfang oder, wie er sagt, der »Wertverlauf« einer Relation verstanden werden darf. Russells Theorie der logischen Typen*)

*) Siehe z. B. Mathematical Logic as based on the Theory of Types, American Journal of Mathematics, Vol. XXX; oder Russell und Whitehead, Principia Mathematica, Vol. I. (Cambridge, University Press).

entspricht der Stufenbildung, von der wir in § 6 gesprochen haben; er formuliert das «vicious-circle principle«: No totality can contain members defined in terms of itself. Auch Poincarés allerdings sehr unsichere Ausführungen über nicht-prädikative Definitionen gehören hierher.*) Freilich: der Punkt, der für mich der entscheidende ist, daß man die Definitionsprinzipe dazu benutzen muß, den Kreis der Eigenschaften und Relationen, denen die Mengen und Zuordnungen korrespondieren, in exakter Weise abzustecken, fehlt hier noch überall. Russells Äquivalenzdefinition der natürlichen Zahlen, die er von Frege übernimmt, und sein »Axiom of Reducibility« zeigen deutlich, welche Kluft mich trotz allem noch von Russell trennt; von dem „engeren Verfahren" und jenem besonderen Funktionsbegriff, den ich am Schluß von § 6 einführe, ist deshalb verständlicherweise auch bei ihm nicht die Rede.

Ich bin ursprünglich ausgegangen von den *Zermelo*schen Axiomen der Mengenlehre**), in denen die Grundlagen der Dedekind-Cantorschen Theorie eine exakte und vollständige Formulierung erfahren haben. Mir lag daran, den Begriff der „definiten Klassenaussage", von welchem Zermelo in dem entscheidenden »Untermengen«-Axiom III***) Gebrauch macht, genauer zu fixieren, als es durch die mir unbefriedigend scheinende Zermelosche Erklärung geschehen war; und so wurde ich zu den Definitionsprinzipien des § 2 geführt.†) Der Versuch, diese Prinzipien als Axiome der Mengenbildung zu formulieren und der Forderung Ausdruck zu verleihen, daß keine andern Mengen existieren als die, welche durch endlichmalige Anwendung der in den Axiomen enthaltenen Konstruktionsprinzipien gebildet werden können, — und zwar dies zu tun, *ohne den Begriff der natürlichen Zahlen vorauszusetzen*, trieb mich zu einer weitgehenden und immer komplizierteren Formalisierung, ohne daß ein endgültiges Resultat erreicht werden konnte. Erst im Zusammenhang mit allgemeinen philosophischen Erkenntnissen, zu denen ich mich durch die Abkehr vom Konventionalismus durchrang, gelangte ich zur Klarheit darüber, daß ich hier einem scholastischen Scheinproblem

*) Les mathématiques et la logique, Revue de Metaphysique et de Morale, t. 13, 14; Réflexions sur les deux notes précédentes, Acta Mathematica, Bd. 32, S. 198—200.

**) Mathematische Annalen, Bd. 65: Untersuchungen über die Grundlagen der Mengenlehre.

***) l. c., S. 263.

†) Vgl. meinen in Jahrg. 7 der Mathematisch-Naturwissenschaftlichen Blätter abgedruckten Habilitationsvortrag „Über die Definitionen der mathematischen Grundbegriffe."

nachjagte, und gewann die feste Überzeugung (in Übereinstimmung mit Poincaré, so wenig ich dessen philosophische Stellung im übrigen teile), daß die *Vorstellung der Iteration, der natürlichen Zahlenreihe, ein letztes Fundament des mathematischen Denkens* ist — trotz der Dedekindschen »Kettentheorie«, die darauf hinzielte, die Definition und den Schluß durch vollständige Induktion syllogistisch ohne Benutzung dieser Anschauung zu begründen. Wenn es nämlich wahr ist, daß die Grundbegriffe der Mengenlehre nur durch Vollzug dieser »reinen« Anschauung aufgefaßt werden können, ist es überflüssig und irreführend, den Begriff der natürlichen Zahl seinerseits nun wieder mengentheoretisch zu fundieren; außerdem muß ich von meinem Standpunkt aus gegen die Kettentheorie den Vorwurf des circulus vitiosus erheben.*) Um mittels unserer Prinzipien eine mathematische Theorie aufstellen zu können, bedarf es eines Fundaments: einer Grundkategorie und einer Urrelation. Ich erblicke das Große der Mathematik gerade darin, daß in fast allen ihren Theoremen das seinem Wesen nach *Unendliche* zu endlicher Entscheidung gebracht wird; diese „Unendlichkeit" der mathematischen Probleme beruht aber darauf, daß *die unendliche Reihe der natürlichen Zahlen und der auf sie bezügliche Existenzbegriff* ihre Grundlage bilden. Der „große Fermatsche Satz" z. B. ist an sich sinnvoll und wahr oder falsch. Aber dadurch, daß ich in einem geordneten Verfahren der Reihe nach alle Zahlen in beide Seiten der Fermatschen Gleichung einsetze, kann ich die Frage nicht zur Entscheidung bringen. Trotzdem die Aufgabe demnach eigentlich eine unendliche ist, wird sie durch den mathematischen Beweis (der uns freilich in diesem Falle noch immer fehlt) als eine endliche vollbracht.

Fassen wir den Mengenbegriff in dem präzisen Sinne, wie ich es hier befürwortet habe, so gewinnt die Behauptung, daß jedem Punkte einer Geraden (nach Wahl eines Anfangspunktes und einer Einheitsstrecke) als Maßzahl eine reelle Zahl [= Menge rationaler Zahlen mit den in § 6 erwähnten Eigenschaften *a*) *b*) *c*)] entspricht und umgekehrt, einen schwerwiegenden Inhalt. Sie stellt eine merkwürdige Verknüpfung her zwischen dem in der Raumanschauung Gegebenen und dem auf logisch-begrifflichem Wege Konstruierten. Offenbar aber fällt diese Aussage gänzlich aus dem Rahmen dessen heraus, was uns die Anschauung irgendwie über das Kontinuum lehrt und lehren kann; es handelt sich da nicht mehr um eine

*) Ebenso natürlich gegen die Theorie der endlichen Mengen, die Zermelo in Acta Mathematica, Bd. 32, S. 185 ff. aufstellt.

morphologische Beschreibung des in der Anschauung sich Darbietenden (das vor allem keine Menge diskreter Elemente, sondern ein fließendes Ganzes ist), vielmehr werden der unmittelbar gegebenen, ihrem Wesen nach inexakten Wirklichkeit exakte Wesen substrüiert — ein Verfahren, das für alle exakte (physikalische) Wirklichkeitserkenntnis fundamental ist und durch welches allein die Mathematik Bedeutung für die Naturwissenschaft gewinnt. Von diesem Kontinuumproblem wird noch im II. Kap. ausführlicher zu handeln sein.

Man hat neuerdings öfter eine Schwierigkeit darin gefunden, die Mathematik von der formalen Logik abzugrenzen. Bei unserer Auffassung ist es ohne weiteres verständlich, daß sie dieser, so eng sie ihr auch verwandt ist, als eine Wissenschaft von deutlich ausgeprägter Eigenart gegenübertritt.

Kapitel II.

Zahlbegriff und Kontinuum.

(Grundlagen der Infinitesimalrechnung.)

§ 1. Natürliche Zahlen und Anzahlen.

Aus der Grundrelation F im Gebiet der natürlichen Zahlen entspringen die fundamentalen Operationen der *Addition* und *Multiplikation*, wie folgt.*)

Diejenige Zahl, welche aus m dadurch entsteht, daß man, mit m beginnend, n-mal hintereinander von einer Zahl zur nächstfolgenden übergeht, ist $m + n$. Sorgfältiger: Ist $\mathfrak{X}$ eine beliebige Doppelmenge (= zweidimensionale Menge) natürlicher Zahlen, so bedeute $\varepsilon^*(p\,m \mid \mathfrak{X})$, daß die p unmittelbar vorangehende Zahl q und m ein Elementenpaar von $\mathfrak{X}$ bilden:

$$\varepsilon^*(p\,m \mid \mathfrak{X}) = \varepsilon(\underline{q}\,m\,;\ \mathfrak{X}) \cdot F(q\,p)\big|_{q=*}\ .$$

Diese Relation wird iteriert: $\varepsilon^*(p\,m \mid \mathfrak{X}, n)$ und für $\mathfrak{X}$ die der Identität $x = y$ im Gebiet der natürlichen Zahlen entsprechende Doppelmenge gesetzt. Dadurch entsteht die Beziehung $\sigma(p\,m\,n)$, welche keine andere ist als die durch die Gleichung $p = m + n$ ausgedrückte. Man zeige (durch vollständige Induktion), daß zu je zwei Zahlen m und n stets eine und nur eine p gehört, welche zu ihnen in der Relation σ steht. Die Definition der Addition besagt (wenn der Akzent den Übergang zur nächstfolgenden Zahl ausdrückt):

$$m + 1 = m'\ , \qquad m + n' = (m + n)'\ .$$

Durch den Schluß der vollständigen Induktion, angewendet auf n, folgt das *assoziative Gesetz*

$$(l + m) + n = l + (m + n)\ :$$

gehe ich in der Zahlenreihe von l aus erst m, dann n Schritte

*) Vgl. Dedekind, Was sind und was sollen die Zahlen?, §§ 7, 11, 12.

weiter, so komme ich zu derjenigen Zahl, die ich von l aus in $m+n$ Schritten erreiche. Der Beweis des *kommutativen Gesetzes*

$$m+n=n+m$$

muß in zwei Schritten erbracht werden: daß es für $n=1$ gültig ist, ergibt sich durch den auf m anzuwendenden Induktionsschluß; und damit ist der Ausgangspunkt gewonnen, um es durch eine auf n angewendete vollständige Induktion allgemein sicherzustellen.

Eine Zahl, zu der ich gelange, wenn ich, mit m beginnend, von jeder Zahl zur nächstfolgenden übergehe, heißt *größer als* (in Zeichen: $>$) m. Die Anschauung lehrt, daß die drei Möglichkeiten

$$n>m \mid n=m \mid m>n \tag{1}$$

eine vollständige Disjunktion bilden; und daß im 1. Fall *eine und nur eine* Zahl s existiert, für welche $m+s=n$. Man kann dies auch durch Induktion beweisen, wobei man sich lediglich auf die Grundtatsachen zu stützen braucht, daß zu jeder Zahl eine einzige nächstfolgende und zu jeder außer zu 1 eine einzige unmittelbar vorhergehende existiert. Man gehe von der Erklärung aus: $n>m$ besagt, es gibt eine Zahl s, so daß $m+s=n$ ist. Man beweist zunächst, daß allgemein $m+s \neq m$ ist (die Zahlenreihe läuft nicht in sich zurück, oder: keine Zahl ist größer als sie selbst). Dies ist wahr für $m=1$, da

$$1+s=s+1=s' \neq 1$$

ist (denn zu s', nicht aber zu 1 gehört eine nächstvorhergehende Zahl). Ist die Behauptung wahr für m, so auch für m'; denn wäre $m'+s=m'$, so folgte

$$m'=s+m'=(s+m)' \quad \text{und daraus} \quad m=s+m=m+s\,.$$

Weiter: Ist n eine natürliche Zahl, so gibt es keine Zahl x, für die nicht entweder $x \geqq n$ oder $n>x$ wäre. Dies trifft zu für $n=1$; denn jede Zahl x ist $\geqq 1$. Gilt es für n, so auch für n'. Ist nämlich $n>x$ oder $n=x$, so ist $n'>x$; ist aber $x>n$, $x=n+s$, so ist entweder $s=1$ und dann $x=n'$ — oder $s>1$, nämlich $=t+1$, und dann

$$x=n+s=n+(1+t)=n'+t>n'\,.$$

Aus dem assoziativen Gesetz der Addition schließt man: Wenn $p>n$ und $n>m$ ist, so gilt $p>m$. Daraus ergibt sich ferner, daß keine zwei der Möglichkeiten (1) zusammen bestehen können, und daß aus $s<s^*$ die Ungleichung $m+s<m+s^*$ folgt (Eindeutigkeit der Subtraktion).

Der Sinn der *Multiplikation* geht aus den Formeln hervor:

$$1 \cdot m = m\,, \qquad n' \cdot m = (n \cdot m) + m\,.$$

Die Relation $p = n \cdot m$ kann aus σ mit Hülfe unserer Prinzipien in ganz analoger Weise gebildet werden, wie das in Kap. I, § 7 für die Vektormultiplikation geschildert ist. Durch den auf n angewendeten Induktionsschluß ergibt sich sofort das *distributive Gesetz*

$$(n_1 + n) \cdot m = (n_1 \cdot m) + (n \cdot m)$$

und daraus durch dasselbe Verfahren das *assoziative Gesetz*

$$(n \cdot p) \cdot q = n \cdot (p \cdot q)\,.$$

Etwas komplizierter gestaltet sich der Beweis des *kommutativen*. Er stützt sich darauf, daß

$$n \cdot 1 = n \quad \text{ist und} \quad n \cdot (m + 1) = (n \cdot m) + n\,.$$

Beide Tatsachen werden vermittels der auf n anzuwendenden vollständigen Induktion bewiesen. Aus ihnen geht hervor, daß $n \cdot x$ für $x = 1$ denselben Wert hat wie $x \cdot n$ und beide Produkte sich in der gleichen Weise ändern (nämlich sich um n vermehren), wenn man von einer Zahl x zur nächstfolgenden x' übergeht; darum stimmen sie überein für alle x. — Aus $s < s^*$ folgt $s \cdot n < s^* \cdot n$.

Eine Zahlmenge (eindimensionale Menge natürlicher Zahlen) nennen wir einen *Abschnitt* der Zahlenreihe, wenn es keine zwei Zahlen m und n gibt von der Art, daß $m < n$ und n Element, aber m nicht Element der Menge ist. In diesem Sinne ist die Nullmenge und die Allmenge im Gebiet der natürlichen Zahlen ein Abschnitt. *Ist A ein Abschnitt, der weder die Null- noch die Allmenge ist, so gibt es eine Zahl n von der Art, daß A zusammenfällt mit der Menge aller Zahlen, welche $\leqq n$ sind.* Beweis: 1 ist Element von A. (Denn ist m irgend ein Element von A, so ist entweder $m = 1$ oder $m > 1$; wäre im letzten Fall 1 nicht Element von A, so widerspräche das der Abschnitts-Forderung.) Es gibt eine Zahl n, die Element von A ist, ohne daß die nächstfolgende Zahl n' diese Eigenschaft hat. Existierte nämlich eine solche Zahl nicht, so ergäbe sich durch vollständige Induktion, daß jede Zahl Element von A wäre. Jenes n hat die geforderten Eigenschaften: jede Zahl $\leqq n$ ist Element von A, aber keine der Zahlen, welche $> n$ sind. Wir sehen somit, daß der Begriff des Abschnitts genau mit dem in § 7 eingeführten der *Anzahl* zusammenfällt. Die »Anzahl n« werde im folgenden mit $\bar{n}$ bezeichnet.

Ist der Abschnitt A eine Teilmenge des Abschnitts B, ohne daß A mit B identisch ist, so wollen wir sagen, A sei *kleiner als* B

und B *größer als* A, und wollen hierfür auch dieselben Zeichen $<, >$ benutzen wie oben. Von je zwei verschiedenen Abschnitten ist immer der eine der kleinere und der andere der größere. Die Nullmenge 0 ist kleiner, die Allmenge ∞ größer als jeder andere Abschnitt; ist die natürliche Zahl $m < n$, so gilt das Gleiche für die entsprechenden Anzahlen: $\bar{m} < \bar{n}$.

Die Zahlen können (in einem beliebigen Operationsgebiet) zur Anzahlbestimmung der Mengen von Gegenständen irgend einer Grundkategorie benutzt werden. Gegenstände der in Frage kommenden Kategorie wollen wir mit kleinen griechischen, eindimensionale Mengen solcher Gegenstände mit großen griechischen Buchstaben bezeichnen, natürliche Zahlen wie bisher mit kleinen lateinischen. In Kap. I, § 7 ist die Relation $\alpha(n\,\Xi)$ erklärt worden, die wir in den Worten »Ξ besteht aus mindestens n Elementen« aussprechen. *Besteht Ξ aus mindestens n' Elementen, so besteht es auch aus mindestens n Elementen.*

Dies ist wahr für $n = 1$. Gilt es für n, so auch für n'. Besteht nämlich Ξ aus mindestens $n' + 1$ Elementen, so gibt es ein Element ξ von Ξ solcher Art, daß die Menge aller nicht mit ξ zusammenfallenden Elemente von Ξ aus mindestens n', mithin aus mindestens n Elementen besteht. Gemäß der Erklärung besagt das aber, daß Ξ aus mindestens n' Elementen besteht.

Besteht Ξ nicht aus mindestens m Elementen, so besteht es auch nicht aus mindestens $m + n$ Elementen.

Dies ist nach dem Obigen richtig für $n = 1$. Durch den auf n angewendeten Schluß der vollständigen Induktion ergibt es sich allgemein. — Dieser Satz läßt sich in positiver Fassung so aussprechen: Ist $m < p$ und besteht Ξ aus mindestens p Elementen, so besteht es auch aus mindestens m Elementen. Oder: Diejenigen natürlichen Zahlen n, für welche bei gegebener Menge Ξ die Relation $\alpha(n\,\Xi)$ besteht, bilden einen Abschnitt. Dieser Abschnitt ist eben die *Anzahl* von Ξ. Ist sie $= \bar{n}$, so heißt das: es besteht die Relation $\alpha(n\,\Xi)$, nicht aber $\alpha(n'\,\Xi)$.

Durch vollständige Induktion beweist man den Satz: *Ist Ξ eine Teilmenge von H und besteht Ξ aus mindestens n Elementen, so besteht H gleichfalls aus mindestens n Elementen.* Daraus ergibt sich, daß die Anzahl eines Teiles kleiner oder höchstens gleich der Anzahl des Ganzen ist. Eine Menge, die eine unendliche Teilmenge besitzt, ist selber unendlich.

Aus der Definition folgt sofort: Fügt man zu einer Menge Ξ, die aus mindestens n Elementen besteht, ein neues Element hinzu, so besteht die erweiterte Menge Ξ' aus mindestens n' Elementen. Es ist das also insbesondere dann der Fall, wenn Ξ genau aus n Elementen besteht, d. h. wenn die Anzahl von Ξ gleich $\bar{n}$ ist. Nicht ganz so selbstverständlich ist die Umkehrung.

U. Nimmt man von einer Menge Ξ', die aus mindestens n' Elementen besteht, ein beliebiges Element ξ fort, so bleibt eine Menge Ξ von mindestens n Elementen übrig.

In der Definition liegt nur, daß es ein Element ξ_0 *gibt*, so daß die durch Fortlassen von ξ_0 aus Ξ' erzeugte Menge Ξ_0 aus mindestens n Elementen besteht. Trotzdem ist *U.* allgemein richtig. Wir zeigen das mit Hülfe des Satzes über den *Austausch von Elementen*: Ersetzt man in einer Menge Ξ, die aus mindestens n Elementen besteht, eines ihrer Elemente durch einen neuen Gegenstand (der in Rede stehenden Kategorie — unter Beibehaltung der übrigen), so besteht die modifizierte Menge Ξ^* gleichfalls aus mindestens n Elementen. Dieser Satz trifft zu für $n = 1$. Nehmen wir an, er gelte für die natürliche Zahl n. H sei eine Menge, die aus mindestens n' Elementen besteht. Es gibt ein Element η von H derart, daß die Menge Ξ aller Elemente von H, die $\neq \eta$ sind, aus mindestens n Elementen besteht. Wir ersetzen jetzt in H ein Element η_0 durch einen von den übrigen Elementen verschiedenen Gegenstand $\eta_0{}^*$; dadurch verwandle sich H in H^*. Wir haben zwei Fälle zu unterscheiden: entweder ist $\eta_0 = \eta$ oder $\neq \eta$. Im ersten Fall entsteht H^* aus Ξ durch Hinzufügung eines neuen Elementes $\eta_0{}^*$, und demnach besteht H^* aus mindestens n' Elementen. Im zweiten Fall verwandeln wir Ξ dadurch in eine neue Menge Ξ^*, daß wir das Element η_0 von Ξ durch $\eta_0{}^*$ ersetzen; Ξ^* besteht nach Voraussetzung aus mindestens n Elementen. H^* enthält außer allen Elementen von Ξ^* noch das in Ξ^* nicht vorkommende η; demnach besteht auch in diesem Falle H^* aus mindestens n' Elementen.

Daraus geht die Richtigkeit von *U.* unmittelbar hervor. Denn Ξ wird aus Ξ_0 erzeugt, indem man ξ gegen ξ_0 austauscht; infolgedessen besteht auch Ξ wie Ξ_0 aus mindestens n Elementen. — Weiter gilt jetzt: Fügt man zu einer Menge, die aus genau n Elementen besteht, ein weiteres hinzu, so geht eine solche hervor, die aus genau n' Elementen besteht. Nimmt man von einer Menge Ξ', die aus genau n' Elementen besteht, eines fort, so bleibt eine Menge Ξ von genau n Elementen übrig. (Nimmt man von einer unendlichen Menge ein Element fort, so bleibt eine unendliche Menge übrig.) Darauf, daß dieser Satz gilt, gleichgültig, *welches* Element von Ξ' fortgenommen wird, beruht offenbar das bekannte *Zählverfahren* und die Tatsache, daß sich durch dieses Verfahren ein von der Reihenfolge des Zählens unabhängiges Resultat ergibt. Zugleich ist damit bewiesen: Tauscht man in einer Menge, die aus genau n Elementen besteht, eines ihrer Elemente gegen einen von den übrigen Elementen verschiedenen Gegenstand aus, so besteht die neue Menge wiederum genau aus n Elementen; was man auch in der Form aussprechen mag: Die Anzahl einer Menge ist unabhängig von der Natur ihrer Elemente. Endlich findet man durch vollständige Induktion (da die Behauptung durch das Vorige für $n = 1$ sichergestellt ist): Fügt man eine Menge, die aus genau m Elementen besteht, mit einer Menge zusammen, die aus genau n, von denen der ersten Menge durchweg verschiedenen Elementen besteht, so geht eine Menge hervor, deren Anzahl $= m + n$ ist.

Man kann — die Grundkategorie, von der wir sprachen, mit der Kategorie der natürlichen Zahlen selbst zusammenfallen lassend — insbesondere *Mengen natürlicher Zahlen* zählen. In dieser Hinsicht gilt der Satz, daß der Abschnitt $\bar{n}$ der natürlichen Zahlenreihe aus genau n Elementen besteht (Beweis durch Induktion, auf Grund unserer Ergebnisse). Bei solcher Verwendung des Anzahlbegriffs überzeugt man sich weiter davon, daß z. B. die Anzahl $\varphi(n)$ der zu n primen natürlichen Zahlen, die $< n$ sind, in unserm präzisen Sinne eine *Funktion* von n ist; und so für alle andern „zahlentheoretischen Funktionen". —

Auf die beschriebene Art und in der angegebenen Reihenfolge kann man die elementaren Wahrheiten über die Zahlen unter ständiger Heranziehung des Schlusses der vollständigen Induktion logisch herleiten aus den beiden „Axiomen": Zu jeder Zahl gibt es eine einzige nächstfolgende; zu jeder, außer zu 1, eine einzige unmittelbar vorhergehende.

§ 2. Brüche und rationale Zahlen.

Die Brüche treten, im täglichen Leben und wo immer sie zur Messung addierbarer Größen dienen, als *Multiplikatoren* auf. Sprechen wir etwa von den Vektoren auf einer Geraden, so entspringt durch wiederholte Addition eines Vektors zu sich selbst (siehe Kap. I, § 7) die *Vervielfältigung*; für jede natürliche Zahl m bedeutet danach $m\boldsymbol{a}$, das m-fache des Vektors $\boldsymbol{a}$, wiederum einen bestimmten Vektor. Es gestattet diese Operation eine eindeutige Umkehrung, die *Teilung:* Ist $\boldsymbol{a}$ ein Vektor, n eine natürliche Zahl, so gibt es einen und nur einen Vektor $x = \frac{a}{n}$, für welchen $nx = a$ ist. Die Operation der Vervielfältigung kann man mit der der Teilung kombinieren; so entsteht $\frac{ma}{n}$, das »$\frac{m}{n}$-fache« von a. Das Bruchzeichen $\frac{m}{n}$ dient als Symbol der zusammengesetzten Operation, in dem Sinne, daß zwei Brüche gleich sind, wenn die beiden durch sie bezeichneten Operationen für jeden Vektor a zum gleichen Resultat führen. Statt von der »Operation«, die aus dem willkürlichen Vektor x den Vektor

$$y = \frac{mx}{n} \tag{2}$$

erzeugt, sprechen wir lieber von der durch diese Gleichung (2) oder

$$ny = mx \tag{3}$$

ausgedrückten subjekt-geordneten »Relation« zwischen x und y. Den Relationen dieser Form gehören die Brüche in solcher Weise zu, daß zwei Relationen des gleichen Geltungsumfanges *derselbe* Bruch korrespondiert. Der Bruch $\frac{m}{n}$ ist demnach nichts anderes als die der Relation (3) entsprechende *Doppelmenge von Vektoren.* — Die *Multiplikation* von Brüchen bedeutet die Hintereinanderausführung der zugehörigen Vektoroperationen; die Gesetze der Multiplikation ergeben sich aus der grundlegenden Tatsache, daß Vervielfältigung und Teilung miteinander vertauschbar sind. Daß Brüche sich *addieren* lassen, beruht darauf, daß die (in ihrer Anwendung auf a) durch

$$\frac{ma}{n} + \frac{m^* a}{n^*}$$

ausgedrückte Operation durch einen einzigen Bruch repräsentiert werden kann, der als die Summe $\frac{m}{n} + \frac{m^*}{n^*}$ bezeichnet wird. So, wie hier dargelegt, fassen wir die Addition und Multiplikation der Brüche in den konkreten Anwendungen auf, wo wir uns ihrer bedienen.

Es ist nicht angebracht, für jedes Größengebiet eigene Brüche einzuführen; sondern, da ihre Gesetze unabhängig sind von der Natur des Größengebiets, ist es zweckmäßiger, die Brüche rein arithmetisch zu definieren — in solcher Weise, daß sie hernach für jedes Größengebiet geeignet sind, den kombinierten Prozeß der Vervielfältigung und Teilung in seinen unendlichvielen möglichen Besonderungen zu symbolisieren. Das kann nun einfach dadurch geschehen, daß wir die obigen Überlegungen anwenden insbesondere auf das *System der natürlichen Zahlen,* die ja selber ein Gebiet addierbarer Größen ausmachen. Daß in diesem Gebiete die Beziehung (3) sich nicht immer nach y auflösen läßt, ist für die Entwicklung der Theorie unwesentlich. Damit ergibt sich folgender Aufbau.

Die Relation $a \cdot b = c$ zwischen natürlichen Zahlen werde mit $\pi(a\,b\,c)$ bezeichnet. Wir bilden die Relation

$$\pi(m\,x\,z) \cdot \pi(n\,y\,z)\,|_{z=*} \qquad (\text{d. i. } m\,x = n\,y)\,.$$

Setzen wir hierin für m und n zwei bestimmte natürliche Zahlen, so entspricht der so hervorgehenden binären Relation zwischen x und y eine Doppelmenge natürlicher Zahlen: diese nennen wir den Bruch $\frac{m}{n}$. Zugleich ist $\frac{m}{n}$ das Zeichen für eine bestimmte Funktion (die «Bruchfunktion«) der beiden unabhängigen Argumente m und n. Brüche kennzeichnen wir fortan durch die ersten Buchstaben des kleinen griechischen Alphabets. Bilden x, y ein Elementenpaar des Bruches (der Doppelmenge) α, so drücken wir dies durch die Worte aus: y steht zu x in dem Verhältnis α. Ist $\alpha = \frac{m}{n}$, so steht insbesondere m zu n in dem Verhältnis α. Auf Grund der Multiplikationsgesetze der natürlichen Zahlen beweise man: Zwei Brüche $\frac{m}{n}$ und $\frac{m^*}{n^*}$ sind dann und nur dann miteinander identisch, wenn

$$m\,n^* = m^*\,n$$

ist.

Die Relation $\alpha \cdot \beta = \gamma$ besagt: immer, wenn x zu y in dem Verhältnis α steht und y zu z in dem Verhältnis β, steht x zu z in dem Verhältnis γ. Man beweise: zu irgend zwei Brüchen α, β gibt es stets einen und nur einen Bruch γ derart, daß diese Beziehung zwischen ihnen besteht. Er heißt das Produkt von α und β und wird mit $\alpha \cdot \beta$ bezeichnet. (Ist $\alpha = \frac{m}{n}$, $\beta = \frac{m^*}{n^*}$, so ist

$$\alpha \cdot \beta = \frac{m \cdot m^*}{n \cdot n^*}\,.)$$

Die Relation $\alpha + \beta = \gamma$ besagt: immer, wenn x zu z in dem Verhältnis α und y zu z in dem Verhältnis β steht, steht $x + y$ zu z in dem Verhältnis γ. Man beweise hier das Entsprechende (und die Rechenregel

$$\alpha + \beta = \frac{(m \cdot n^*) + (m^* \cdot n)}{n \cdot n^*}\,.)$$

Leicht ergeben sich aus diesen Definitionen die fundamentalen Gesetze für Addition und Multiplikation.

Auf Grund der Addition lassen sich wie bei Vektoren die Vervielfältigung und Teilung von Brüchen erklären; in ihrem Bereich erweist sich die Teilung als eine stets und eindeutig ausführbare Operation. Man stelle fest, daß

$$\frac{m\beta}{n} \quad \text{mit} \quad \frac{m}{n}\cdot\beta$$

übereinstimmt.

Sind α, β irgend zwei Brüche und gibt es einen Bruch γ, d. h. gibt es zwei natürliche Zahlen m und n, so daß $\beta + \gamma = \alpha$ $(\beta + \frac{m}{n} = \alpha)$ ist, so sagen wir, α sei *größer als* β, in Zeichen: $\alpha > \beta$, und β *kleiner als* $\alpha (\beta < \alpha)$. Es gibt in diesem Falle nur einen solchen Bruch γ. Die Möglichkeiten

$$\alpha > \beta \mid \alpha = \beta \mid \alpha < \beta$$

bilden eine vollständige Disjunktion.

Zwischen den natürlichen Zahlen m und den korrespondierenden Brüchen $\frac{m}{1}$ mit dem Nenner 1 besteht eine vollkommene Isomorphie: die Beziehungen der Summe, des Produkts und des größer-kleiner, die zwischen den natürlichen Zahlen bestehen, spiegeln sich genau wider in den gleichbenannten Beziehungen der korrespondierenden Brüche. Trotzdem dürfen wir sie nicht miteinander identifizieren: was nicht identisch ist, können wir nicht identisch „machen". Immerhin ist zu bemerken, daß bei der Verwendung der Zahlen zum Messen die natürliche Zahl m und der Bruch $\frac{m}{1}$ beide denselben Prozeß bezeichnen, nämlich die „Ver-m-fachung".

Wir könnten jetzt weiter so verfahren, wie wir uns das in Kap. I, § 6 vorgestellt haben: nachdem wir die Stufe der Brüche erstiegen haben, die Treppe, die uns hinaufgeführt, sozusagen abbrechen und in der gewonnenen Höhe von neuem das Fundament zu einem umfassenderen Gebäude legen, indem wir jetzt von vornherein von den natürlichen Zahlen *und den Brüchen* als Grundkategorien ausgehen. Freilich würde dann die Kategorie »zweidimensionale Mengen natürlicher Zahlen« die zweite Grundkategorie umfassen, und dieses Überdecken einer Grundkategorie durch eine abgeleitete läßt sich gewiß durch kein Kunststück beseitigen (was nicht verschieden ist, können wir nicht verschieden machen); aber wir können es dennoch „ignorieren", da zur Entscheidung aller einschlägigen Fragen niemals die Identität oder Verschiedenheit von Gegenständen festgestellt zu werden braucht, die verschiedenen Kategorien angehören. Immerhin käme so ein verwickeltes Doppelspiel zustande; und es steckte nicht mehr in ihm, als uns die direkte Fortführung unseres auf der Basis der einzigen Grundkategorie »natürliche Zahl« begonnenen Aufbaus liefert, nur zum Teil in doppelter Terminologie. Was diese doppelte Terminologie aber etwa an Ausdrucks-Bequemlichkeiten mit sich bringt, können wir uns, das Fundament der „reinen Zahlenlehre“ nicht verlassend, viel einfacher folgendermaßen verschaffen.

Wo immer die Wendung auftritt »*es gibt* einen Bruch mit den und den Eigenschaften«, hat sie den Sinn (und kann sie keinen andern haben als den): es gibt zwei natürliche Zahlen m und n von der Art, daß der Bruch $\alpha = \frac{m}{n}$ die betr. Eigenschaft besitzt. Eine Doppelmenge*) M natürlicher Zahlen sei so beschaffen: wenn m, n ein Elementenpaar von ihr bilden und der Bruch $\frac{m^*}{n^*} = \frac{m}{n}$ ist, so bilden auch immer m^*, n^* ein Elementenpaar von M. Alsdann heiße M ein *Bereich von Brüchen*; und daß m, n ein Elementenpaar von M bilden, drücken wir so aus: der Bruch $\alpha = \frac{m}{n}$ *gehört dem Bereich* M *an.* (Der Bereich von Brüchen, dem α und nur α angehört, ist mit α identisch.) Eine analoge Benennung wenden wir an, wenn die Menge M außer den beiden auf die Kategorie »natürliche Zahl« bezogenen Leerstellen noch weitere, auf irgendwelche Kategorien bezogene Leerstellen enthält. Auch wird klar sein, was wir unter einem „Doppelbereich“ von Brüchen zu verstehen haben: es ist eine quaternäre Menge natürlicher Zahlen; und immer, wenn $m, n; p, q$ ein Elementensystem derselben bilden und

$$\frac{m^*}{n^*} = \frac{m}{n}, \quad \frac{p^*}{q^*} = \frac{p}{q}$$

ist, gilt das Gleiche für $m^*, n^*; p^*, q^*$. Unter diesen Umständen bilden $\alpha = \frac{m}{n}$ und $\beta = \frac{p}{q}$ (in der angegebenen Reihenfolge) ein zu dem Doppelbereich gehöriges Bruchpaar.

Existiert in einem Größengebiet, wie das z. B. für Vektoren auf einer Geraden der Fall ist, die singuläre Größe $\mathbf{0}$, welche dem Gesetz

$$\mathbf{a} + \mathbf{0} = \mathbf{0} + \mathbf{a} = \mathbf{a}$$

genügt, und zu jeder Größe $\mathbf{a}$ die entgegengesetzte $-\mathbf{a}$:

$$\mathbf{a} + (-\mathbf{a}) = \mathbf{0}\,,$$

so tritt zu den Prozessen der Vervielfältigung und Teilung die Operation der *„Umklappung“* hinzu, welche $\mathbf{a}$ in $-\mathbf{a}$ verwandelt, und

*) Die Bedeutung des Wortes »Menge« ist hier wie im folgenden durchaus auf *finite* Mengen beschränkt. Vgl. Kap. I, § 8.

der *Nullprozeß,* welcher jede Größe in 0 überführt. Um auch diese Prozesse und ihre Kombinationen mit Vervielfältigung und Teilung durch „Zahlen“ darzustellen, muß das Reich der Brüche erweitert werden durch Hinzufügung der Null und der negativen zum Reich der rationalen Zahlen.*) Rein-arithmetisch gewinnen wir die rationalen Zahlen aus den Brüchen in ganz analoger Weise wie die Brüche aus den natürlichen Zahlen, indem wir nur an die Stelle der Multiplikation die Addition treten lassen.

Sind α, β zwei Brüche, so ist die der Relation

$$\alpha + \frac{u}{v} = \beta + \frac{x}{y}$$

zwischen den natürlichen Zahlen $x\ y$; $u\ v$ korrespondierende vierdimensionale Menge ein Doppelbereich von Brüchen; ihn heißen wir die *rationale Zahl* $\alpha \div \beta$; das Bruchpaar ξ, η gehört ihm dann und nur dann an, wenn

$$\alpha + \eta = \beta + \xi$$

ist (wir sagen dann, ξ und η „differieren“ um die rationale Zahl $\alpha \div \beta$). Rationale Zahlen werden im folgenden mit $\lambda, \mu, \nu, \ldots$ bezeichnet. Man beweist leicht, daß dann und nur dann

$$\alpha \div \beta = \alpha' \div \beta'$$

ist, wenn $\alpha + \beta' = \alpha' + \beta$.

Insbesondere ist die durch $\frac{x}{y} = \frac{u}{v}$ definierte vierdimensionale Menge natürlicher Zahlen eine rationale Zahl; 0 sei ihr Schriftname (Verwechslung mit der Anzahl 0 ist nicht zu befürchten); $\alpha \div \alpha = 0$. Ist α ein Bruch, so ist derjenige Doppelbereich von Brüchen, dem ein Bruchpaar ξ, η dann und nur dann angehört, wenn

$$\alpha + \eta = \xi$$

ist, eine rationale Zahl: sie heiße $+\alpha$; ebenso ist der durch

$$\alpha + \xi = \eta$$

definierte Doppelbereich von Brüchen eine rationale Zahl: sie werde mit $-\alpha$ bezeichnet. Aus den Beziehungen des »größer-kleiner«, die zwischen Brüchen bestehen, folgt, daß zu jeder von 0 verschiedenen rationalen Zahl ein und nur ein Bruch α gehört (ihr „absoluter Betrag“) derart, daß sie entweder $= +\alpha$ oder $= -\alpha$ ist; danach unterscheidet man *positive* und *negative* rationale Zahlen.

*) Ich halte es nicht bloß für eine historische Zufälligkeit, daß die Brüche vor den negativen Zahlen auftreten. Diesem historischen Gang entspricht unsere systematische Entwicklung hier: über die *Brüche* (nicht über die *ganzen* Zahlen) zu den rationalen.

Die Gleichung $\lambda + \mu = \nu$ zwischen rationalen Zahlen besagt, daß immer, wenn die Brüche ξ, η um λ differieren und η, ζ um μ, dann ξ, ζ um ν differieren. Zu irgend zwei rationalen Zahlen λ, μ gibt es stets eine und nur eine ν, welche zu ihnen in diesem Verhältnis steht. Die Addition genügt dem assoziativen und kommutativen Gesetz. Sie gestattet eine eindeutige Umkehrung, die Subtraktion. Es ist $\lambda + 0 = \lambda$.

Die rationalen Zahlen machen unter Zugrundelegung dieser Erklärung ein Gebiet addierbarer Größen aus, in welchem die Operationen der Vervielfältigung, Teilung und „Umklappung" stets eindeutig ausführbar sind. Ist m eine natürliche Zahl, $\alpha = \frac{m}{n}$ ein Bruch, μ eine rationale Zahl, so ergibt sich daraus der Sinn der Symbole

$$(4) \qquad m\mu \quad \text{und} \quad \frac{m\mu}{n} = \alpha\mu\,;$$

die sämtlichen Bruchpaare des Doppelbereichs $m\mu$ bzw. $\alpha\mu$ und nur diese werden aus den sämtlichen, μ angehörigen Bruchpaaren ξ, η gewonnen, indem man

$$m\xi\,, \ m\eta\,, \quad \text{bzw.} \quad \alpha\cdot\xi\,, \ \alpha\cdot\eta$$

bildet. Sind λ, μ und ν rationale Zahlen, so bedeutet $\lambda\cdot\mu = \nu$, daß *entweder* $\lambda = 0$, $\nu = 0$ ist, *oder* daß es einen Bruch α gibt, so daß

$$\lambda = +\alpha\,, \quad \nu = \alpha\mu$$

ist, *oder* daß ein Bruch α existiert, für den

$$\lambda = -\alpha\,, \quad \nu = -(\alpha\mu)$$

ist. Damit ist die Multiplikation der rationalen Zahlen auf Grund der Addition erklärt. Die Rechengesetze ergeben sich aus der Vertauschbarkeit der drei Elementaroperationen Vervielfältigung, Teilung und Umklappung. Im Reiche der rationalen Zahlen sind die vier Spezies, mit Ausnahme der Division durch 0, eindeutig ausführbar.

λ heißt größer als μ, wenn $\lambda - \mu$ positiv ist.

Wo immer der Ausdruck begegnet »*es gibt* eine rationale Zahl von der und der Beschaffenheit«, bedeutet er: es gibt vier natürliche Zahlen $m, n; p, q$, so daß die rationale Zahl

$$\frac{m}{n} \div \frac{p}{q}$$

jene Eigenschaft besitzt. Nach Analogie des hinsichtlich der Brüche eingeführten Sprachgebrauchs verstehen wir ferner unter einem Bereich von rationalen Zahlen einen Doppelbereich von Brüchen mit der Eigenschaft, daß immer, wenn das Bruchpaar α, β jenem Doppelbereich angehört und

$$\alpha \div \beta = \alpha' \div \beta'$$

ist, das Bruchpaar α', β' ihm gleichfalls angehört. Ein Bereich von rationalen Zahlen ist also eine vierdimensionale Menge natürlicher Zahlen.

§ 3. **Reelle Zahlen.**

Während als Brüche und rationale Zahlen nur solche Mengen auftreten, die sich als Werte zweier bestimmter Funktionen

$$\frac{m}{n} \quad \text{und} \quad \frac{m}{n} \div \frac{p}{q}$$

für Argumentwerte ergeben, die natürliche Zahlen sind, ist es, um den Begriff der reellen Zahl in voller logischer Bestimmtheit fassen zu können, nötig, sich darüber Rechenschaft zu geben, was unter *„allen möglichen"* Mengen einer bestimmten Kategorie zu verstehen ist. Wir haben darauf durch die Aufstellung unserer Definitionsprinzipien geantwortet; erst das Problem der reellen Zahlen erfordert dieses Eingehen auf das Fundament, auf die Prinzipien der logischen Urteilskombination; die Analysis der reellen Zahlen hat bis in die Tiefe ihrer logischen Wurzeln hinein einen völlig andern Charakter als die Arithmetik der rationalen. Wir wollen die ersten Elemente einer Theorie der reellen Zahlen und Funktionen auf unserer Basis hier entwickeln und darauf das Verhältnis dieser Theorie zur Größenlehre und zur Anschauung des Kontinuums einer Prüfung unterziehen.

Fahren wir also zunächst fort in unserm Aufbau der reinen Zahlenlehre! Einen Bereich rationaler Zahlen, dem mit einer rationalen Zahl λ immer auch alle rationalen Zahlen $< \lambda$ angehören, nennen wir (analog wie im Gebiet der natürlichen Zahlen) einen *Abschnitt.* Dieser Abschnitt ist *offen,* wenn keine größte, ihm angehörige rationale Zahl existiert. Ein offener Abschnitt rationaler Zahlen, der weder der Nullbereich noch der Allbereich ist, heißt eine *reelle Zahl.* Die reellen Zahlen sind demnach besondere vierdimensionale Mengen natürlicher Zahlen; die Kategorie dieser Mengen wollen wir darum als »Kategorie RZ« bezeichnen, Gegenstände, welche in diese Kategorie gehören, aber durch kleine deutsche Buchstaben angeben. »Reelle Zahl zu sein«, ist eine finite Eigenschaft eines solchen Gegenstandes $\mathfrak{x}$; es existiert demnach in unserm Operationsbereich die »Menge aller reellen Zahlen«

Sei $\mathfrak{f}(t)$ eine *Funktion* (in dem Sinne, wie wir diesen Begriff in Kap. I festgelegt haben), deren Argument t eine beliebige Gegenstandskategorie K durchläuft und deren Wert immer der Kategorie RZ angehört; es sei ferner T eine eindimensionale Menge von Gegenständen der Kategorie K und für jedes Element t von T der Funktionswert $\mathfrak{f}(t)$ eine reelle Zahl: dann ist $\mathfrak{f}$ »*in*« der Menge T eine *reellwertige* Funktion. Zu beachten ist, daß eine Funktion wie $\mathfrak{f}(t)$ immer definiert ist für *alle* Gegenstände einer bestimmten Kategorie (denn das bringen unsere Definitionsprinzipien so mit sich); natürlich aber ist es sehr wohl möglich, daß der Funktionswert, stets eine vierdimensionale Menge natürlicher Zahlen, nicht immer eine reelle Zahl ist; diejenigen Argumentwerte, für welche das der Fall ist, bilden eine finite Menge. Ist die Kategorie K insbesondere die der natürlichen Zahlen und $\mathfrak{f}(t)$ für alle natürlichen Zahlen t reellwertig, so heißt diese Funktion eine *Folge reeller Zahlen* (oder kurz: eine Zahlenfolge). Ist K die Kategorie RZ und die oben erwähnte Menge T eine solche, deren Elemente samt und sonders reelle Zahlen sind, so ist $\mathfrak{f}$ eine in T existierende reelle Funktion einer reellen Veränderlichen. Entsprechendes ist zu sagen über Funktionen mit mehreren Argumenten.

Die *Summe* zweier reeller Zahlen $\mathfrak{x}$ und $\mathfrak{y}$ ist eine *Funktion* von $\mathfrak{x}$ und $\mathfrak{y}$. Hier ihre Erklärung (wobei $\mathfrak{x}, \mathfrak{y}$ Leerstellen sind, die sich beziehen auf die Kategorie RZ; m_1, n_1, m_2, n_2 auf die Kategorie »natürliche Zahl«): Die Relation

$$\Sigma(m_1, n_1; m_2, n_2 \mid \mathfrak{x}, \mathfrak{y})$$

bedeute: es gibt ein Elementensystem $p_1, q_1; p_2, q_2$ von $\mathfrak{x}$ und ein Elementensystem $r_1, s_1; r_2, s_2$ von $\mathfrak{y}$, so daß

$$\left(\frac{m_1}{n_1} \div \frac{m_2}{n_2}\right) = \left(\frac{p_1}{q_1} \div \frac{p_2}{q_2}\right) + \left(\frac{r_1}{s_1} \div \frac{r_2}{s_2}\right).$$

Indem man in Σ die Leerstellen, wie durch den senkrechten Strich angedeutet, in die Gruppe der abhängigen und unabhängigen trennt, erhält man eine *Funktion* $\mathfrak{x} + \mathfrak{y}$, deren Wert stets eine vierdimensionale Menge natürlicher Zahlen, genauer: stets ein rationaler Zahlbereich ist. Für Argumentwerte $\mathfrak{x}$ und $\mathfrak{y}$, die selber reelle Zahlen sind, ist dieser Zahlbereich insbesondere stets ein offener Abschnitt, der vom Null- und Allbereich verschieden ist, also wieder eine reelle Zahl. Es gilt das kommutative und assoziative Gesetz. Ferner gestattet die Addition eine eindeutige Umkehrung, die Subtraktion.

$\mathfrak{a} < \mathfrak{b}$ bedeutet: $\mathfrak{a}$ ist Teilmenge von $\mathfrak{b}$, ohne mit $\mathfrak{b}$ identisch zu sein. Wiederum ergeben die drei Möglichkeiten

$$\mathfrak{a} < \mathfrak{b} \mid \mathfrak{a} = \mathfrak{b} \mid \mathfrak{b} < \mathfrak{a} (\mathfrak{a} > \mathfrak{b})$$

im Gebiet der reellen Zahlen (nicht in dem umfassenderen der rationalen Zahlbereiche) eine vollständige Disjunktion. Jede derselben drückt eine finite Relation zwischen $\mathfrak{a}$ und $\mathfrak{b}$ aus, da $\mathfrak{a}$ und $\mathfrak{b}$ vierdimensionale Mengen von Elementen der *Grundkategorie* »natürliche Zahl« sind.

Ist λ eine rationale Zahl, so machen diejenigen rationalen Zahlen, welche $< \lambda$ sind, einen offenen Abschnitt aus, der weder der Null- noch der Allbereich ist: diese reelle Zahl werde mit $^*\lambda$ bezeichnet und selber rational genannt; sie ist eine Funktion von λ. Verschiedenen rationalen Zahlen entsprechen in dieser Weise verschiedene reelle. Es gilt allgemein für jede reelle Zahl $\mathfrak{a}$:

$$\mathfrak{a} + {}^*0 = \mathfrak{a} .$$

Eine reelle Zahl, welche $> {}^*0$ ist, heißt positiv; eine solche, die $< {}^*0$ ist, negativ.

Der Begriff des offenen Abschnitts geht in den des *offenen Restes* über, wenn man in der Definition durchweg $<$ durch $>$ ersetzt. Zu jedem offenen Abschnitt $\mathfrak{a}$ gehört als »*Ergänzung*« ein offener Rest; dies ist der Bereich, dem eine rationale Zahl dann und nur dann angehört, wenn sie größer ist als eine nicht zu dem Abschnitt $\mathfrak{a}$ gehörige rationale Zahl. Umgekehrt entspricht jedem offenen Rest als seine Ergänzung ein offener Abschnitt; das Verhältnis der Ergänzung ist ein gegenseitiges.

Die reellen Zahlen formen ein Gebiet addierbarer Größen, in welchem Vervielfältigung, Teilung und „Umklappung" eindeutig ausführbar sind. Die Abschnitte (reellen Zahlen) $m\mathfrak{x}$, $\alpha\mathfrak{x}$ erhält man aus dem offenen Abschnitt $\mathfrak{x}$, indem man jede zu $\mathfrak{x}$ gehörige rationale Zahl mit der natürlichen m, bezw. dem Bruch α multipliziert. Ist λ eine beliebige rationale Zahl, so ist $\mathfrak{y} = \lambda\mathfrak{x}$, wenn *entweder* $\lambda = 0$, $\mathfrak{y} = {}^*0$ ist, *oder* es einen Bruch α gibt, so daß $\lambda = +\alpha$, $\mathfrak{y} = \alpha\mathfrak{x}$ ist, *oder* ein Bruch α existiert, für den $\lambda = -\alpha$, $\mathfrak{y} = -(\alpha\mathfrak{x})$ ist. Das Produkt $\lambda\mathfrak{x}$ ist eine eindeutig durch λ und $\mathfrak{x}$ bestimmte reelle Zahl. Sind endlich $\mathfrak{a}$ und $\mathfrak{x}$ reelle Zahlen und $\mathfrak{x}$ positiv, so ist $\mathfrak{a}\cdot\mathfrak{x}$ der Bereich, dem die rationale Zahl μ dann und nur dann angehört, wenn es eine zu $\mathfrak{a}$ gehörige rationale Zahl λ von der Art gibt, daß μ dem Bereich $\lambda\mathfrak{x}$ angehört. Ist $\mathfrak{x}$ negativ, so muß hier $\mathfrak{a}$ ersetzt werden durch den $\mathfrak{a}$ ergänzenden offenen Rest; dann ist $\mathfrak{a}\cdot\mathfrak{x}$ stets wiederum eine reelle Zahl. $\mathfrak{a}\cdot{}^*0$ bedeutet die reelle Zahl ^{*0}. Man kann dieser Definition leicht die wesentlichen Eigenschaften der Multiplikation entnehmen. Man überzeugt sich ferner, daß das Produkt zweier reeller Zahlen, ebenso wie die Summe, eine Funktion dieser Zahlen ist; denn man beachte, daß sich alle unsere Definitionen Schritt für Schritt aus den Prinzipien des Kap. I aufbauen lassen (wenn ich es auch in der Darstellung, aus Gründen der Kürze und Verständlichkeit, nicht für nötig befunden habe, so pedantisch zu verfahren). Die Differenz und der Quotient von zwei reellen Zahlen sind gleichfalls Funktionen ihrer beiden Argumente; der Quotient ist freilich nur dann wiederum eine reelle Zahl, wenn der Nenner $\neq$ *0 ist. Die Funktion »Quotient« kann man beispielsweise so erklären: sie korrespondiert der Relation

$$Q(m_1, n_1; m_2, n_2 \mid \mathfrak{x}, \mathfrak{y}),$$

welche bedeutet, daß $\mathfrak{x}$, $\mathfrak{y}$ und die rationale Zahl

$$\lambda = \frac{m_1}{n_1} \div \frac{m_2}{n_2}$$

folgender Bedingung genügen: es ist *entweder* $\mathfrak{y}$ positiv und $\lambda \mathfrak{y} < \mathfrak{x}$ *oder* $\mathfrak{y}$ negativ und $\lambda \mathfrak{y} > \mathfrak{x}$.

Aus dem Substitutionsprinzip (Kap. I, § 7) folgt jetzt: *Sind* $\mathfrak{f}$ *und* $\mathfrak{g}$ *zwei in derselben Menge existierende reellwertige Funktionen, so sind ihre Summe, Differenz, Produkt und Quotient ebensolche Funktionen; für den Quotienten gilt das jedoch wieder nur mit der Einschränkung, daß* $\mathfrak{g}$ *im ganzen Existenzbereich* $\neq$ **0 sein muß.* Hier haben wir die einfachsten Beispiele vor uns, in welcher Weise unsere *logischen* Konstruktionsprinzipien in besonderer Anwendung zu jenen *algebraischen* führen, welche der älteren Analysis beim Funktionsbegriff vorschwebten. Zwei andere derartige, immerfort verwendete Grundsätze fließen unmittelbar aus den Pr. **2** und **7**: 1) Man erhält aus einer Funktion von mehreren, dieselbe Kategorie durchlaufenden Argumenten eine neue, indem man diese Argumente »*zur Deckung bringt*« — so entsteht aus $\mathfrak{f}(s, t)$ die Funktion $\mathfrak{f}(t, t)$ —; 2) Man kann z. B. in einer für alle reellen Argumentwerte existierenden reellwertigen Funktion für das Argument eine andere reellwertige Funktion *substituieren.* —

Unsere Definitionen der Brüche, rationalen und reellen Zahlen sind sicher bis zu einem gewissen Grade willkürlich. Ihre eigentliche Bedeutung liegt in der Rolle, welche sie zur Messung von Größen in irgend einem Größengebiete spielen, in der Art und Weise, wie sie zur abstrakten Darstellung gewisser zwischen Größen bestehender Relationen dienen. Es ist aber unbedingt erforderlich, daß der Begriff der Zahl zu diesem Zwecke zunächst rein begrifflich-arithmetisch festgelegt wird; doch ist *jede* Definition recht, welche Gebilde liefert, die jene erwähnten „Verhältnisse" von Größen eindeutig zu charakterisieren vermögen. Immerhin darf behauptet werden, daß die von uns gewählten Definitionen die einfachsten und natürlichsten sind, welche zu diesem Ziele führen. Von den Beziehungen zur Größenlehre wird hernach ausführlicher die Rede sein. —

Wir benötigen für das Folgende die Funktion $\mathfrak{x}^n$ der reellen Zahl $\mathfrak{x}$ und der natürlichen n. Sie läßt sich durch Rekursion auf Grund des Umstandes gewinnen, daß $\mathfrak{x}^{n+1}\mathfrak{y}$ aus $\mathfrak{x}^n\mathfrak{y}$ durch die Substitution von $\mathfrak{x}\mathfrak{y}$ an Stelle von $\mathfrak{y}$ hervorgeht. Es sei also $\pi(\lambda \mid \mathfrak{x}\mathfrak{y})$ jene Relation, welche besagt, daß $\mathfrak{x}$ und $\mathfrak{y}$ reelle Zahlen sind und

$$\lambda\left(=\frac{m_1}{n_1} \div \frac{m_2}{n_2}\right)$$

Element des Abschnitts $\mathfrak{x}\cdot\mathfrak{y}$ ist; λ steht in Wahrheit für die vier, auf die Kategorie »natürliche Zahl« bezogenen Leerstellen m_1, n_1; m_2, n_2. Aus dieser Relation entspringt bei der angedeuteten Einteilung der Leerstellen in die abhängigen und die unabhängigen die Funktion $\mathfrak{x}\cdot\mathfrak{y}$. Wir iterieren die Relation in der Weise, daß diese Funktion immer wieder für die Leerstelle $\mathfrak{y}$ eingesetzt wird:

$$\pi(\lambda \mid \mathfrak{x}\mathfrak{y};\ n)\,,$$

und substituieren darin schließlich für $\mathfrak{y}$ die reelle Zahl $*1$. Der so hervorgehenden Relation korrespondiert die Funktion $\mathfrak{x}^n$.

Hieran knüpfen wir noch die Erörterung des Begriffs der *algebraischen Zahl.* Eine reelle Zahl $\mathfrak{a}$ heißt bekanntlich „algebraisch höchstens vom Grade n“, wenn n rationale Zahlen $\lambda_1, \lambda_2, \ldots, \lambda_n$ existieren, so daß

$$\mathfrak{a}^n = \lambda_1\,\mathfrak{a}^{n-1} + \lambda_2\,\mathfrak{a}^{n-2} + \ldots + \lambda_n$$

ist. »Algebraisch höchstens vom Grade 3« zu sein, ist demnach gewiß eine finite Eigenschaft reeller Zahlen; und so wie für 3, für jede andere bestimmte natürliche Zahl. Daß aber der Satz: »$\mathfrak{a}$ ist algebraisch höchstens vom Grade n« das Urteilsschema einer finiten Relation zwischen $\mathfrak{a}$ und n — und demnach »algebraisch zu sein« (ohne Gradbeschränkung) auch noch eine finite Eigenschaft ist, scheint auf den ersten Blick nicht zuzutreffen. Vielmehr scheint es so, als müßte man, um dies zu erzwingen, Relationen einführen mit einer „unbestimmten“ Anzahl von Leerstellen (ein in logischer Hinsicht sehr fataler Schritt) und die Prinzipe, namentlich das der Iteration, in höchst komplizierter Weise auf solche Relationen erweitern. Dies ist aber keineswegs der Fall. Der Begriff der algebraischen Zahl soll mir dazu dienen, zu zeigen, wie man auch unter solchen Umständen durchaus mit unsern Definitionsprinzipien ausreicht.

Wie wir die Potenz $\mathfrak{a}^n$ durch Iteration auf Grund der Produkt-Funktion $\mathfrak{a}\cdot\mathfrak{b}$ erklären konnten, so denken wir uns ein Polynom n^{ten} Grades in $\mathfrak{a}$ mit rationalen Koeffizienten analog durch Iteration aus der Funktion

$$(\mathfrak{a}\cdot\mathfrak{b}) - {*\lambda} \qquad \text{von} \qquad \mathfrak{a}, \mathfrak{b}, \lambda$$

gebildet, in welcher λ eine beliebige rationale Zahl bedeutet. Sie entspringt aus der Relation

$$\Gamma(\mu \mid \lambda \,;\, \mathfrak{a}, \mathfrak{b}):$$

die Summe der rationalen Zahlen μ, λ ist Element des Abschnitts $\mathfrak{a} \cdot \mathfrak{b}$ (λ und μ stehen hier wiederum für je vier, auf die Kategorie der natürlichen Zahlen bezogene Leerstellen). Die im folgenden mit L bezeichnete Leerstelle bezieht sich auf zweidimensionale Mengen von Gegenständen der Kategorie RZ. Wir bilden

$$\varepsilon\big(\mathfrak{a}, (\mathfrak{a}\cdot\mathfrak{b}) - {}^*\lambda \,;\, L\big)\,|_{\lambda = *} = \Delta(\mathfrak{a}, \mathfrak{b} \mid L):$$

es gibt eine rationale Zahl λ, so daß $\mathfrak{a}$ und $(\mathfrak{a}\cdot\mathfrak{b}) - {}^*\lambda$ ein Elementenpaar von L bilden. Indem wir die Leerstellen von Δ in der angedeuteten Weise in die abhängigen und unabhängigen teilen, sind die Bedingungen für die Iteration gegeben; es entspringt dadurch die Relation $\Delta(\mathfrak{a}, \mathfrak{b} \mid L\,;\, n)$; sie besagt: es gibt n rationale Zahlen $\lambda_1, \lambda_2, \ldots, \lambda_n$, so daß $\mathfrak{a}$ und

$$\mathfrak{a}^n \mathfrak{b} - (\lambda_1 \mathfrak{a}^{n-1} + \lambda_2 \mathfrak{a}^{n-2} + \ldots + \lambda_n) \tag{5}$$

ein Elementenpaar von L bilden. Den Ausdruck (5) muß man sich dabei so geschrieben denken:

$$\mathfrak{a}\cdot\big(\cdots(\mathfrak{a}\cdot(\mathfrak{a}\cdot(\mathfrak{a}\cdot\mathfrak{b} - {}^*\lambda_1) - {}^*\lambda_2) - {}^*\lambda_3)\ldots\big) - {}^*\lambda_n\,.$$

Man braucht jetzt nur für $\mathfrak{b}$ die reelle Zahl *1 zu substituieren und für $L = L(\mathfrak{a}, \mathfrak{b})$ diejenige spezielle zweidimensionale Menge L_0, welche der Relation

$$\mathfrak{a} \text{ ist eine reelle Zahl und } \mathfrak{b} = {}^*0$$

korrespondiert; die entstehende Relation

$$\Delta(\mathfrak{a}, {}^*1 \mid L_0\,;\, n) = \Delta(\mathfrak{a}, n)$$

bedeutet: $\mathfrak{a}$ ist algebraisch höchstens vom Grade n. $\Delta(\mathfrak{a}, *)$ ist das Urteilsschema der Eigenschaft von $\mathfrak{a}$, algebraisch zu sein. —

Die *komplexen Zahlen* führen wir in üblicher Weise als *Paare* reeller ein. Unter Paarbildung verstehen wir dabei ganz allgemein dieses. Ist z. B. A eine dreidimensionale, B eine zweidimensionale Menge (irgend einer Kategorie; doch möge weder A noch B in ihrer Kategorie die Nullmenge sein), so existiert die fünfdimensionale Menge $A \bullet B$, von der $\varrho, \sigma, \tau\,;\, \xi, \eta$ dann und nur dann ein Elementensystem bilden, wenn ϱ, σ, τ ein solches von A und ξ, η ein solches von B ausmachen (Pr. 3 ohne Deckung von Leerstellen): $A \bullet B$ nennen wir das aus A und B gebildete Paar. Lassen wir die Mengen A und B jede in ihrer Kategorie unbestimmt, so ist dies Paar eine Funktion von A und B. Sind die A und B Mengen von Gegenständen der Grundkategorien, so sind auch umgekehrt die „Glieder" A und B Funktionen des Paares $A \bullet B$. Ist Γ nämlich eine beliebige Menge der Kategorie, welcher $A \bullet B$ zugehört, so betrachte man die Relation $R(\varrho\, \sigma\, \tau \mid \Gamma)$, welche besagt: es gibt zwei Gegenstände ξ und η, so daß $\varrho\, \sigma\, \tau\, ;\, \xi\, \eta$ ein Elementensystem von Γ bilden. Die aus ihr entspringende Funktion von Γ liefert, wenn man für Γ das Paar $A \bullet B$ einsetzt, das erste Glied A dieses Paares. Unter den bezeichneten Umständen fallen daher zufolge des Substitutionsprinzips die Begriffe »Funktion von A und B« einerseits, »Funktion des Paars $A \bullet B$« anderseits im wesentlichen zusammen. — Nach dieser Auffassung sind die komplexen Zahlen achtdimensionale Mengen natürlicher — oder genauer: Doppelbereiche rationaler Zahlen.

§ 4. Zahlfolgen. Konvergenzprinzip.

$\mathfrak{f}(n)$ sei eine reelle Zahlenfolge, $R(\lambda \mid n)$ jene Relation zwischen der rationalen Zahl λ und der natürlichen n, aus welcher die Funktion $\mathfrak{f}(n)$ entspringt; $\mathfrak{f}(n)$ ist also für jedes n der Bereich derjenigen rationalen Zahlen, welche zu n in der Beziehung R stehen ($\lambda = \frac{p_1}{q_1} \div \frac{p_2}{q_2}$ vertritt wiederum vier, auf die Kategorie »natürliche Zahl« bezogene Leerstellen p_1, q_1; p_2, q_2). Wir konstruieren in bekannter Weise den *limes inferior* dieser Zahlenfolge; das ist ein Bereich rationaler Zahlen, welchem λ dann und nur dann angehört, wenn eine rationale Zahl $\lambda' > \lambda$ von folgender Art existiert: es gibt eine natürliche Zahl n, so daß für alle $m > n$ die Beziehung $R(\lambda' \mid m)$ statthat. Dieser Bereich $\mathfrak{a}$ ist ein offener Abschnitt, also entweder eine reelle Zahl oder der Nullbereich (für den in diesem Zusammenhang das Zeichen $-\infty$ üblich ist) oder der Allbereich $+\infty$; wir schreiben

$$\lim_{n=\infty} \text{inf. } \mathfrak{f}(n) = \mathfrak{a}\,.$$

Bedeutet R zugleich den der Relation $R(\lambda \mid n)$ entsprechenden „Bereich" (eine fünfdimensionale Menge natürlicher Zahlen), so ist, wie man sieht, dieser lim inf. eine *Funktion* von R.*)

Aus der Existenz des *lim inf.* ergibt sich die Gültigkeit des *Cauchyschen Konvergenzprinzips*. Man nennt bekanntlich unsere reelle Zahlenfolge *konvergent*, wenn zu jedem Bruch α eine natürliche Zahl n existiert derart, daß für alle p und q, welche $> n$ sind, dem Bereich $\mathfrak{f}(p) - \mathfrak{f}(q)$ die rationale Zahl $-\alpha$, nicht aber $+\alpha$ angehört. Man sagt ferner, die Folge *konvergiere gegen die reelle Zahl* $\mathfrak{c}$, wenn

*) Nur in einem durchaus übertragenen Sinne kann man hier, wie das heutzutage geschieht, von einer Funktion der unendlichvielen Variablen $\mathfrak{f}(1)$, $\mathfrak{f}(2)$, $\mathfrak{f}(3)$, ... reden.

zu jedem Bruch α eine natürliche Zahl n existiert, so daß für alle $p > n$ dem Bereich $\mathfrak{f}(p) - \mathfrak{c}$ die rationale Zahl $-\alpha$ angehört, hingegen $+\alpha$ nicht. Bei allen diesen Erklärungen treten die logischen Termini »es gibt« und »alle« oder »jeder« nur in Verbindung mit natürlichen Zahlen auf. Das Konvergenzprinzip lautet: *Es gibt dann und nur dann eine reelle Zahl* $\mathfrak{c}$, *gegen welche die Zahlenfolge* $\mathfrak{f}(n)$ *konvergiert, wenn diese Folge konvergent ist.* Zutreffendenfalls ist $\mathfrak{c}$ mit dem lim inf. der Zahlenfolge identisch und heißt dann einfach der Limes oder Grenzwert. — Alles dies überträgt sich sinngemäß auf *Funktionsfolgen*, d. h. auf den Fall, daß in der Relation $R(\lambda \mid n)$, welche die Folge definiert, außer den angedeuteten Leerstellen noch weitere vorkommen. Tritt darin z. B. noch eine auf die Kategorie RZ bezogene Leerstelle $\mathfrak{x}$ auf, so entspringt aus ihr die Funktionsfolge $\mathfrak{f}(\mathfrak{x}\, n)$; dann ist auch

$$\liminf_{n=\infty} \mathfrak{f}(\mathfrak{x}, n) = \mathfrak{g}(\mathfrak{x})$$

eine Funktion des reellen Arguments $\mathfrak{x}$. Hier haben wir das analytische *Konstruktionsprinzip des Grenzübergangs* vor uns. Es ist meist üblich, das Argument n als Index zu schreiben. Man muß aber selbstverständlich im Auge behalten, daß die Konstruktion des Grenzübergangs nicht ausgeübt werden kann auf eine von irgendwoher, ich weiß nicht wie, zusammengelesene unendliche Reihe von Funktionen

$$\mathfrak{f}_1(\mathfrak{x}),\ \mathfrak{f}_2(\mathfrak{x}),\ \mathfrak{f}_3(\mathfrak{x}), \ldots,$$

sondern nur eine Funktion $\mathfrak{f}_n(\mathfrak{x})$ von $\mathfrak{x}$ *und* n betrifft, die gesetzmäßig gebildet ist in dem durch Kap. I präzise festgelegten Sinne.

Statt des Cauchyschen Konvergenzprinzips hat man verschiedene andere Grundsätze, die ihm vermeintlich äquivalent sind, zum Ausgangspunkt der Analysis gewählt. Ich führe einige derselben an:

I. Eine Folge ineinander eingeschachtelter Intervalle, deren Länge unter jede Grenze sinkt, fängt eine bestimmte Zahl ab. (Das findet z. B. bei der Dezimalbruchentwicklung Verwendung.)

II. Zu einer reellen, monoton wachsenden Zahlenfolge, deren sämtliche Zahlen unterhalb einer bestimmten Grenze bleiben, gibt es eine Zahl, gegen die sie konvergiert.

III. Das *Dedekindsche Schnittprinzip*: Sind A und B zwei Mengen reeller Zahlen, so daß jede Zahl, die Element von A ist, kleiner ist als jede zu B gehörige und es ferner zu jedem Bruch α eine zu A gehörige Zahl $\mathfrak{x}$ und eine zu B gehörige Zahl $\mathfrak{y}$ gibt, derart daß $+\alpha$ dem Bereich $\mathfrak{y} - \mathfrak{x}$ nicht angehört: so gibt es eine und nur eine reelle Zahl $\mathfrak{c}$ von der Art, daß keine Zahl, die Element von A ist, größer — und keine, die Element von B ist, kleiner ausfällt als $\mathfrak{c}$.

IV. Eine beschränkte Menge reeller Zahlen hat eine präzise obere und untere Grenze.

V. Jede beschränkte unendliche Menge reeller Zahlen hat einen Verdichtungswert.

Von diesen Sätzen sind in der hier auf sicherem Fundament errichteten Analysis I. und II. gültig. Unter »Folge ineinander geschachtelter Intervalle« verstehe man dabei zwei Zahlenfolgen $\mathfrak{f}(n)$, $\mathfrak{g}(n)$ mit den Eigenschaften

$$\mathfrak{f}(n) < \mathfrak{f}(n'), \ \mathfrak{g}(n) > \mathfrak{g}(n'); \quad \{n' \text{ die auf } n \text{ unmittelbar}$$
$$\mathfrak{f}(n) < \mathfrak{g}(n). \quad \text{folgende natürliche Zahl}\}$$

Die andern Behauptungen III. bis V. sind jedoch ungültig; sie werden aber gültig, wenn man sie in der Weise modifiziert, daß die Mengen *reeller* Zahlen, von denen in ihnen die Rede ist, durch Bereiche *rationaler* ersetzt werden.

Dem sog. *Heine-Borelschen Theorem* geben wir folgende Fassung:

VI. Es liege eine Folge von Intervallen Δ_n vor; jede reelle Zahl des »Einheitsintervalles« $^*0 \leqq \mathfrak{x} \leqq {}^*1$ liege im *Innern* eines der Intervalle dieser Folge. Dann existiert eine natürliche Zahl n, so daß jede solche reelle Zahl bereits im Innern eines der endlichvielen Intervalle $\Delta_1, \Delta_2, \ldots, \Delta_n$ liegt.

Dieser Satz erweist sich auch hier als gültig, wenn man den Begriff »Intervallfolge« in richtiger Weise interpretiert. Denn alsdann drückt der Satz: »Die der rationalen Zahl λ korrespondierende reelle $^*\lambda$ ist negativ oder liegt im Innern eines der Intervalle $\Delta_1, \Delta_2, \ldots, \Delta_n$, und das Gleiche trifft auch für jede rationale Zahl $< \lambda$ zu« eine finite Relation $R(\lambda, n)$ zwischen λ und n aus. Wäre die Behauptung falsch, so wäre die der Eigenschaft $R(\lambda, *)$ korrespondierende Menge ein offener Abschnitt, dem alle negativen rationalen Zahlen angehören, die rationale Zahl 1 aber gewiß nicht; er wäre also eine reelle Zahl des Einheitsintervalls. Betrachtet man dasjenige der Intervalle Δ_m, welches nach Voraussetzung diese reelle Zahl in sein Inneres aufnimmt, so ergibt sich ein Widerspruch. — Hingegen wird das Heine-Borelsche Theorem *falsch*, wenn man in ihm die gegebene Intervall*folge* durch eine beliebige Intervall*menge* ersetzt oder statt des in Δ_n durch den Index n gekennzeichneten Arguments n ein solches tritt, das sich nicht auf die Grundkategorie »natürliche Zahl« bezieht. Insbesondere läßt sich folgendes *nicht* behaupten: Liegen zwei im Einheitsintervall existierende reellwertige Funktionen $\mathfrak{f}(\mathfrak{x})$, $\mathfrak{g}(\mathfrak{x})$ vor, die für alle Argumentwerte die Ungleichung

$$\mathfrak{f}(\mathfrak{x}) < \mathfrak{x} < \mathfrak{g}(\mathfrak{x})$$

erfüllen, so gibt es endlichviele reelle Zahlen im Einheitsintervall $\mathfrak{a}_1, \mathfrak{a}_2, \ldots, \mathfrak{a}_n$ von der Beschaffenheit, daß zu jeder Zahl $\mathfrak{x}$ desselben unter den $\mathfrak{a}_i$ sich eine Zahl findet, für welche

$$\mathfrak{f}(\mathfrak{a}_i) < \mathfrak{x} < \mathfrak{g}(\mathfrak{a}_i)$$

gilt.

Die Ungültigkeit einiger der Grundsätze, deren man sich bisher bei der Herleitung aller Behauptungen in der Analysis zu bedienen pflegte, hat natürlich zur Folge, daß die gegenwärtig anerkannten Begriffsbildungen und Beweise zum Teil eine Modifikation erfahren, zum Teil aber auch ganz aufgegeben werden müssen. Von besonders einschneidender Wirkung zeigt sich dabei die Ungültigkeit des Grundsatzes IV: die Schlußweise des »*Dirichletschen Prinzipes*«, selbst in der bescheideneren, der Weierstrass'schen Kritik Rechnung tragenden Formulierung, welche nicht mehr die Existenz eines „Minimums", sondern nur die einer „unteren Grenze" behauptet, kann nicht aufrecht erhalten werden. Man hat ferner, wenn man von den Denkgewohnheiten der heutigen Analysis ausgeht, beständig im Auge zu behalten, daß, wenn eine unendliche Menge reeller Zahlen vorliegt, damit die Existenz einer Folge $\mathfrak{f}(n)$, die lediglich aus Zahlen dieser Menge besteht, noch keineswegs gesichert ist. —

Die Lehre von den *unendlichen Reihen* (Summen) wird auf die Theorie der Zahlfolgen zurückgeführt durch Bildung der Partialsummen. Sei also $\mathfrak{f}(n)$ eine reelle Zahlenfolge, und $U(\lambda \mid \mathfrak{b}, n)$ bedeute die Relation: $\mathfrak{b}$ ist eine reelle Zahl, und die rationale λ gehört zu dem Abschnitt $\mathfrak{f}(n) + \mathfrak{b}$; d. i. diejenige Relation, aus welcher die Funktion $\mathfrak{f}(n) + \mathfrak{b}$ entspringt. Nach dem Iterationsprinzip (seiner dritten Erweiterung, vgl. pag. 28) bilden wir daraus $V(\lambda \mid \mathfrak{b}, n)$:

$$V(\lambda \mid \mathfrak{b}, 1) = U(\lambda \mid \mathfrak{b}, 1); \quad V(\lambda \mid \mathfrak{b}, n') = V(\lambda \mid \mathfrak{f}(n') + \mathfrak{b}, n).$$

Die aus $V(\lambda \mid {*0}, n)$ entspringende reelle Zahlenfolge $\mathfrak{s}(n)$ ist dann mit der gegebenen durch die Rekursionsformeln verknüpft:

$$\mathfrak{s}(1) = \mathfrak{f}(1); \quad \mathfrak{s}(n+1) = \mathfrak{s}(n) + \mathfrak{f}(n+1).$$

Der Zusammenhang zwischen Reihe und Folge überträgt sich sinngemäß auf Reihen, deren Glieder Funktionen einer oder mehrerer reellen Veränderlichen sind. Beachten wir z. B., daß die Potenz $\mathfrak{x}^n$, wie im vorigen Paragraphen festgestellt wurde, eine Funktion von $\mathfrak{x}$ und n ist, so ergibt sich, daß die Partialsummen der *Potenzreihe*

$$\sum \mathfrak{f}(n)\mathfrak{x}^n$$

eine Funktionenfolge bilden, wenn $\mathfrak{f}(n)$ eine Folge reeller Zahlen bedeutet; ihr Limes ist daher, wo er existiert, eine reellwertige Funktion von $\mathfrak{x}$. Entsprechendes ist über unendliche Produkte zu bemerken.

Die *elementaren Funktionen*, vor allem die Exponentialfunktion, können durch irgendeinen der auch sonst dazu verwendeten unendlichen Prozesse definiert werden; der Logarithmus als inverse der (stetigen monotonen) Exponentialfunktion (betreffs Inversion siehe den nächsten Paragraphen).

§ 5. Stetige Funktionen.

Wir befassen uns mit einer für die reellen Argumentwerte $\mathfrak{x}$ des Einheitsintervalls existierenden reellwertigen Funktion $\mathfrak{f}(\mathfrak{x})$; sie entspringe aus der Relation $R(\lambda \mid \mathfrak{x})$. Die Gleichung

$$\mathfrak{y} = \mathfrak{f}(\mathfrak{x})$$

drückt eine finite Relation zwischen $\mathfrak{x}$ und $\mathfrak{y}$ aus; denn sie besagt, daß alle und nur diejenigen rationalen Zahlen λ, welche zu $\mathfrak{x}$ in der Relation $R(\lambda \mid \mathfrak{x})$ stehen, dem Bereich $\mathfrak{y}$ angehören (und hier wird in der Tat der Begriff »alle« nur in Verbindung mit »rationaler Zahl« gebraucht). Aus diesem Grunde bilden bei gegebenem $\mathfrak{y}$ sowohl diejenigen Zahlen $\mathfrak{x}$ des Einheitsintervalls, für welche $\mathfrak{f}(\mathfrak{x}) = \mathfrak{y}$ ist, als auch diejenigen, für welche

$$\mathfrak{f}(\mathfrak{x}) > \mathfrak{y} \quad (\text{oder } \mathfrak{f}(\mathfrak{x}) < \mathfrak{y})$$

ist, eine Zahlmenge, die eine Funktion von $\mathfrak{y}$ ist. Hingegen ist im allgemeinen der *Wertevorrat* der Funktion $\mathfrak{f}$ keine finite Zahlmenge; und es existiert im allgemeinen auch, wenn $\mathfrak{f}$ eine beschränkte Funktion ist, für sie *keine* präzise obere und untere Grenze.

Insbesondere handle es sich um die *stetigen* Funktionen. Wir führen das Zeichen $|\mathfrak{x}| \leqq \alpha$ ein, welches bedeuten soll: $\mathfrak{x}$ ist eine reelle Zahl, und die dem Bruch α korrespondierende rationale Zahl $+\alpha$ gehört nicht zum Bereich $\mathfrak{x}$, wohl aber jede rationale Zahl, welche kleiner ist als $-\alpha$. Die bekannte Erklärung der Stetigkeit lautet*): $\mathfrak{f}(\mathfrak{x})$ ist stetig für die (im Einheitsintervall gelegene) Zahl $\mathfrak{a}$, wenn zu jedem Bruch α ein Bruch β existiert derart, daß

$$|\mathfrak{f}(\mathfrak{x}) - \mathfrak{f}(\mathfrak{a})| \leqq \alpha$$

ist für alle reellen Zahlen $\mathfrak{x}$ des Einheitsintervalls, die der Ungleichung

$$|\mathfrak{x} - \mathfrak{a}| \leqq \beta$$

*) Nachdem wir in Kap. I, § 2 an ihr bereits unsere Symbolik der Relationen exemplifizierten, wiederholen wir sie hier nur deswegen noch einmal, weil es uns darauf ankommt, die rechten Seiten α, β der charakterisierenden Ungleichungen von vornherein als Brüche (und nicht als positive reelle Zahlen) anzunehmen.

genügen. Die Eigenschaft einer Funktion, für einen Wert $\mathfrak{a}$ stetig zu sein, ist, wie man sieht, *transfinit* (und damit abhängig von einer genauen Abgrenzung des Umfangs des Begriffs »reelle Zahl«); über die große Bedeutung dieses Umstandes für die Analysis und ihre Anwendungen wollen wir uns erst im nächsten Paragraphen Rechenschaft geben. — $\mathfrak{f}(\mathfrak{x})$ ist stetig im Einheitsintervall, wenn sie für jeden Wert $\mathfrak{a}$ desselben stetig ist. Sie ist daselbst gleichmäßig stetig, wenn zu jedem Bruch α ein Bruch β gehört, so daß

$$|\mathfrak{f}(\mathfrak{x}) - \mathfrak{f}(\mathfrak{y})| \leqq \alpha$$

ist für alle reellen Zahlen $\mathfrak{x}$, $\mathfrak{y}$ des Einheitsintervalls, die der Ungleichung $|\mathfrak{x} - \mathfrak{y}| \leqq \beta$ genügen.

Wir wollen die folgenden Hauptsätze über stetige Funktionen beweisen:

A. Eine stetige Funktion nimmt alle Zwischenwerte an; d. h. ist $\mathfrak{f}$ eine stetige Funktion und

$$\mathfrak{f}(\mathfrak{a}) < \mathfrak{v} < \mathfrak{f}(\mathfrak{b}),$$

so gibt es eine reelle Zahl $\mathfrak{c}$ zwischen $\mathfrak{a}$ und $\mathfrak{b}$ ($\mathfrak{a} < \mathfrak{c} < \mathfrak{b}$), so daß $\mathfrak{f}(\mathfrak{c}) = \mathfrak{v}$ ist.

B. Eine stetige Funktion im Einheitsintervall hat daselbst ein Maximum und ein Minimum; d. h. es gibt zwei Argumentwerte $\mathfrak{a}$ und $\mathfrak{b}$ derart, daß im ganzen Einheitsintervall die Ungleichung

$$\mathfrak{f}(\mathfrak{b}) \leqq \mathfrak{f}(\mathfrak{x}) \leqq \mathfrak{f}(\mathfrak{a})$$

gilt.

C. Eine im Einheitsintervall stetige Funktion ist daselbst gleichmäßig stetig.

Die üblichen Beweise dieser Sätze müssen hier insofern modifiziert werden, als man zunächst immer nur die Werte der im Einheitsintervall existierenden, reellwertigen, stetigen Funktion $\mathfrak{f}(\mathfrak{x})$ für *rationale* Argumentwerte zu betrachten hat. Wir bilden also

$$\mathfrak{f}({}^*\lambda) = \mathfrak{f}^*(\lambda)$$

(wobei man beachte, daß die reelle Zahl ${}^*\lambda$ eine Funktion der rationalen λ ist); $\mathfrak{f}^*(\lambda)$ steht hier in Wahrheit für eine Funktion von vier, auf die Kategorie »natürliche Zahl« bezogenen Argumenten.

Beweis von A. Es genügt, unter der Annahme, daß $\mathfrak{f}({}^*0)$ negativ, $\mathfrak{f}({}^*1)$ positiv ist, die Existenz einer Zahl $\mathfrak{c}$ im Einheitsintervall darzutun, für welche $\mathfrak{f}(\mathfrak{c})$ verschwindet. Wir bilden denjenigen Bereich rationaler Zahlen, dem λ dann und nur dann angehört, falls es eine rationale Zahl $\lambda' > \lambda$ im Einheitsintervall gibt, für welche $\mathfrak{f}^*(\lambda')$ negativ ist. Dieser Bereich ist eine reelle Zahl $\mathfrak{c}$. Man zeigt in bekannter Weise auf Grund der Stetigkeit von $\mathfrak{f}$ für den Argumentwert $\mathfrak{c}$, daß $\mathfrak{f}(\mathfrak{c})$ weder negativ noch positiv sein kann und daher $= {}^*0$ ist. (Die Beweismethode besteht in der Konstruktion der *größten* Nullstelle von $\mathfrak{f}$.)

Beweis von B. Die obere Grenze $\mathfrak{m}$ von $\mathfrak{f}^*(\lambda)$ im Einheitsintervall ist derjenige rationale Zahlbereich, dem μ angehört, falls eine rationale Zahl λ im Einheitsintervall existiert von der Art, daß $\mu < \mathfrak{f}^*(\lambda)$ ist. $\mathfrak{m}$ ist entweder eine reelle Zahl oder der Allbereich $(+\infty)$. Aus der vorausgesetzten Stetigkeit von $\mathfrak{f}(\mathfrak{x})$ folgt sofort, daß für *alle* reellen Argumentwerte $\mathfrak{x}$, nicht bloß für rationale, die Ungleichung $\mathfrak{f}(\mathfrak{x}) \leqq \mathfrak{m}$ besteht.

Ist $\mathfrak{x}$ irgend eine reelle Zahl $> {}^*0$ und $\leqq {}^*1$, so kann man ebenso die obere Grenze $\mathfrak{m}(\mathfrak{x})$ von $\mathfrak{f}^*(\lambda)$ bilden für alle nicht-negativen λ, welche dem Bereich $\mathfrak{x}$ angehören; sie ist eine Funktion von $\mathfrak{x}$. Wir unterscheiden zwei Fälle:

entweder ist für jede positive rationale Zahl $\lambda \leqq 1$ die obere Grenze $\mathfrak{m}({}^*\lambda) = \mathfrak{m}$, dann verstehen wir unter $\mathfrak{a}$ die reelle Zahl ^{*0};

oder das Gegenteil ist der Fall: dann bilden wir denjenigen Bereich $\mathfrak{a}$ rationaler Zahlen, welchem λ angehört, wenn eine positive rationale Zahl $\lambda' > \lambda$ (und $\leqq 1$) existiert, für die $\mathfrak{m}({}^*\lambda') < \mathfrak{m}$ ist; dieser Bereich ist eine reelle Zahl.

Auf jeden Fall ergibt sich aus der Stetigkeit von $\mathfrak{f}(\mathfrak{x})$ für $\mathfrak{x} = \mathfrak{a}$ sogleich, daß $\mathfrak{f}(\mathfrak{a})$ nicht kleiner als $\mathfrak{m}$ sein kann; mithin muß $\mathfrak{f}(\mathfrak{a}) = \mathfrak{m}$ sein. Damit ist zugleich bewiesen, daß $\mathfrak{m}$ nicht der Allbereich $+\infty$ sein kann. (Wir haben den kleinsten Wert $\mathfrak{a}$ konstruiert, für welchen $\mathfrak{f}$ sein Maximum erreicht. Auf dieselbe Weise konstruiert man die Zahl $\mathfrak{b}$, in welcher $\mathfrak{f}$ sein Minimum annimmt.)

A. und *B.* kann man dahin zusammenfassen: Der Wertevorrat einer stetigen Funktion in einem abgeschlossenen Intervall ist wiederum ein abgeschlossenes Intervall.

Zum *Beweise von C.* ist es zweckmäßig, vorauszusetzen, daß $\mathfrak{f}(\mathfrak{x})$ nicht konstant ist und für negative $\mathfrak{x}$ gleich $\mathfrak{f}({}^*0)$, für Argumentwerte $> {}^*1$ aber $= \mathfrak{f}({}^*1)$ ist; dies kann ohne Einschränkung der Allgemeinheit geschehen. Es sei $\mathfrak{x}$ eine reelle Zahl, α ein Bruch. Wir bilden die obere Grenze des absoluten Betrages der Differenz

$$|\mathfrak{f}^*(\lambda) - \mathfrak{f}^*(\mu)| \tag{6}$$

für alle rationalen Zahlen λ und μ, welche den Bedingungen genügen: λ gehört zum Bereich $\mathfrak{x}$ und $|\lambda - \mu|$ ist $< \alpha$. Diese obere Grenze ist eine reellwertige Funktion $\mathfrak{d}(\mathfrak{x}, \alpha)$ von $\mathfrak{x}$ und α. Lassen wir die

Einschränkung, daß λ zu $\mathfrak{x}$ gehören soll, fort, so möge die dann hervorgehende obere Grenze mit $\mathfrak{d}(\alpha)$ bezeichnet werden. Es ist

$$\mathfrak{d}(\alpha) \geqq \mathfrak{d}(\beta)(> {}^*0)\,, \quad \text{wenn} \quad \alpha > \beta \text{ ist}\,, \quad \text{und} \quad \mathfrak{d}(\mathfrak{x},\alpha) \leqq \mathfrak{d}(\alpha)\,.$$

Wir haben zu zeigen, daß

$$\lim_{\alpha = 0} \mathfrak{d}(\alpha) = {}^*0$$

wird.

Zu diesem Zwecke bilden wir den Bereich $\mathfrak{x}(\alpha)$ rationaler Zahlen, dem λ angehört, wenn eine rationale Zahl $\lambda' > \lambda$ existiert, für welche

$$\mathfrak{d}({}^*\lambda', \alpha) < \mathfrak{d}(\alpha)$$

ausfällt. $\mathfrak{x}(\alpha)$ ist eine reellwertige Funktion von α. Sind $\mathfrak{b}$, $\mathfrak{b}'$ irgend zwei $\mathfrak{x}(\alpha)$ zwischen sich enthaltende reelle Zahlen:

$$\mathfrak{b} < \mathfrak{x}(\alpha) < \mathfrak{b}',$$

so ist $\mathfrak{d}(\alpha)$ die obere Grenze von (6) für rationale λ, μ, welche den Bedingungen

$$\mathfrak{b} \leqq {}^*\lambda < \mathfrak{b}' (\lambda \text{ gehört zu } \mathfrak{b}', \text{ aber nicht zu } \mathfrak{b}) \text{ und } |\mu - \lambda| < \alpha$$

genügen.

Es sei

$$\lim_{n = \infty} \text{inf.}\ \mathfrak{x}\left(\frac{1}{n}\right) = \mathfrak{a}\,,$$

γ ein beliebiger Bruch. Dann existieren wegen der Stetigkeit von $\mathfrak{f}(\mathfrak{x})$ für $\mathfrak{x} = \mathfrak{a}$ reelle Zahlen $\mathfrak{b}$ und $\mathfrak{b}'$, welche $\mathfrak{a}$ zwischen sich enthalten, und eine reelle positive Zahl $\mathfrak{e}$ von der Beschaffenheit, daß

$$(7) \qquad |\mathfrak{f}(\mathfrak{x}) - \mathfrak{f}(\mathfrak{a})| \leqq \frac{1}{2}\gamma$$

ist für alle $\mathfrak{x}$ des Intervalls

$$\mathfrak{b} - \mathfrak{e} < \mathfrak{x} < \mathfrak{b}' + \mathfrak{e}\,.$$

Aus (7) folgt

$$(8) \quad |\mathfrak{f}(\mathfrak{x}) - \mathfrak{f}(\mathfrak{y})| \leqq \gamma\,, \quad \text{wenn} \quad \mathfrak{b} \leqq \mathfrak{x} \leqq \mathfrak{b}' \quad \text{und} \quad |\mathfrak{y} - \mathfrak{x}| < \mathfrak{e}$$

ist. Es existiert weiter eine natürliche Zahl n von der Art, daß die rationale Zahl $+\frac{1}{n}$ dem Bereich $\mathfrak{e}$ angehört und $\mathfrak{x}\left(\frac{1}{n}\right)$ zwischen $\mathfrak{b}$ und $\mathfrak{b}'$ liegt. Wegen der für die erwähnten $\mathfrak{x}$ und $\mathfrak{y}$ gültigen Ungleichung (8) kann dann γ nicht kleiner sein als die zu dem betreffenden n gehörige obere Grenze $\mathfrak{d}\left(\frac{1}{n}\right)$; mithin ist

$$\mathfrak{d}(\alpha) \leqq \gamma\,, \quad \text{sobald} \quad \alpha \leqq \frac{1}{n}$$

ist. —

Satz *A.* kann auf stetige Funktionen mehrerer reeller Argumente übertragen werden. Der *Fundamentalsatz der Algebra* ist in unserer Analysis gültig. —

Zu einer Funktion $\mathfrak{f}(\mathfrak{x})$ existiert im allgemeinen keine „*inverse*", selbst dann nicht, wenn die Tatsache besteht, daß zu jeder reellen Zahl $\mathfrak{y}$, die Element einer gewissen Menge T ist, eine und nur eine Zahl $\mathfrak{x}$ gehört, für welche die Gleichung

$$\mathfrak{y} = \mathfrak{f}(\mathfrak{x})$$

stattfindet. Hingegen läßt sich die Existenz einer Inversen beweisen, wenn $\mathfrak{f}(\mathfrak{x})$ eine im Einheitsintervall existierende *stetige monotone* Funktion ist. Sie sei etwa monoton *wachsend*, d. h. es sei

$$\mathfrak{f}(\mathfrak{a}) < \mathfrak{f}(\mathfrak{b}),$$

jedesmal wenn $\mathfrak{a}$ und $\mathfrak{b}$ zwei reelle Zahlen des Einheitsintervalls sind, von denen $\mathfrak{a}$ die kleinere ist. Ist $\mathfrak{y}$ irgend eine reelle Zahl, so bilden wir denjenigen Bereich rationaler Zahlen, dem jedes negative λ angehört und außerdem jedes $\lambda < 1$, für das $\mathfrak{f}^*(\lambda) < \mathfrak{y}$ gilt. Dieser Bereich ist eine reelle Zahl, und zwar der Wert einer bestimmten Funktion $\mathfrak{g}(\mathfrak{y})$ für den Argumentwert $\mathfrak{y}$. Beschränken wir die Variablen $\mathfrak{x}$ und $\mathfrak{y}$ auf die Intervalle

$$^*0 \leqq \mathfrak{x} \leqq {}^*1, \quad \text{bzw.} \quad \mathfrak{f}(^*0) \leqq \mathfrak{y} \leqq \mathfrak{f}(^*1),$$

so sind die Funktionen $\mathfrak{f}$ und $\mathfrak{g}$ invers zueinander:

$$\mathfrak{f}(\mathfrak{g}(\mathfrak{y})) = \mathfrak{y}; \quad \mathfrak{g}(\mathfrak{f}(\mathfrak{x})) = \mathfrak{x}.$$

Die Rolle der *Differentiation und Integration* als funktionserzeugender Prozesse läßt sich im Gebiet der *stetigen* Funktionen in demselben Umfange aufrecht erhalten wie in der bisherigen Analysis; an den Begründungen ist nichts Wesentliches zu ändern. Weniger einfach liegen die Dinge freilich in den weitergehenden Integral- und Maß-Theorien von Riemann, Darboux, Cantor, Jordan, Lebesgue und Carathéodory.

§ 6. Anschauliches und mathematisches Kontinuum.

Wir haben bisher, mit den natürlichen Zahlen beginnend, den Aufbau der reinen Zahlenlehre ins Werk gesetzt, indem wir, dem Leitfaden der historisch vorliegenden Arithmetik und Analysis folgend, Schritt für Schritt mit Hilfe unserer Definitionsprinzipien vorrückten, sozusagen ohne dabei nach links und rechts zu schauen. Jetzt wollen wir Halt machen und uns Rechenschaft darüber zu geben versuchen, wo wir eigentlich stehen.

Die Stetigkeit einer Funktion, sahen wir, ist eine *transfinite* Eigenschaft; d. h. die Frage, ob eine mit Hilfe unserer Prinzipien definierte Funktion stetig sei oder nicht, erfordert zu ihrer Entscheidung nicht nur die volle Überblickung der natürlichen Zahlen, sondern ebenso die volle Überblickung derjenigen *Mengen* (genauer: derjenigen vierdimensionalen Mengen natürlicher Zahlen), welche durch kombinierte Anwendung jener Prinzipien in beliebiger Komplikation entspringen. Nehmen wir die Definitionsprinzipien als ein »*offenes*« System, d. h. behalten uns vor, sie ev. durch Hinzufügung neuer zu erweitern, so muß im allgemeinen auch die Frage, ob eine gegebene Funktion stetig sei, *offen* bleiben (im Gegensatz zu der Entscheidung in allen *finiten* Fragen): eine Funktion, die gemäß unseren Erklärungen stetig ist, könnte dieser Eigenschaft verlustig gehen, wenn unsere Definitionsprinzipien eine Erweiterung erführen und demgemäß zu den »jetzt« vorhandenen reellen Zahlen weitere hinzuträten, bei deren Bildung die neu hinzugefügten Definitionsprinzipien eine Rolle spielen.*)

Es möge jene Funktion etwa den Ort eines Massenpunktes als Funktion der Zeit darstellen. Vergleichen wir unsere begriffliche Aussage, daß die Funktion stetig sei, oder noch einfacher: daß die Funktion für alle reellen Argumentwerte eines gewissen Intervalls ihrerseits nur Werte annimmt, die einem gewissen Spielraum angehören, mit dem anschaulichen Befund, dessen wie auch immer »objektivierter«, »idealisierter«, »schematisierter« Ausdruck jener Satz bei der mathematischen Darstellung der Wirklichkeit sein soll! Ich *sehe* z. B. während einer gewissen Dauer beständig diesen Bleistift vor mir auf dem Tische liegen; diese Wahrnehmung gibt mir ein, wenn auch nicht absolutes, so doch vernünftiges und gut begründetes Recht zu der Behauptung, daß während einer gewissen Dauer dieser Bleistift sich auf dem Tische befunden hat. Es ist offenbar absurd, zu meinen, daß dieses Recht durch eine „Erweiterung unserer Definitionsprinzipien“ ins Wanken gebracht werden könnte — als ob da neue, von meiner Anschauung übersehene Zeitmomente hinzukommen könnten, in denen sich der Bleistift vielleicht in der Nähe des Sirius, oder wer weiß wo, befand. Soll sich das Zeitkontinuum durch eine die reellen Zahlen „durchlaufende“ Variable darstellen lassen, so, scheint es, ist damit gegeben, wie eng oder weit wir den Begriff der reellen Zahl zu fassen haben, und die Entscheidung darüber dürfe nicht *logischen* Erwägungen über Definitionsprinzipien u. dgl. anheimgestellt werden.

---

*) Freilich: bei allen stetigen Funktionen, die man von der Analysis her kennt, bleibt diese Frage *nicht* offen, weil für sie das in der Behauptung ihrer Stetigkeit enthaltene negative Existentialurteil eine logische Folge der „Axiome“ ist, in welche die Definitionsprinzipien übergehen, wenn man sie als positive Existentialurteile über Mengen formuliert. Aber das ist eben eine besondere Eigentümlichkeit dieser »unbedingt« stetigen Funktionen.

Bleiben wir, um das Verhältnis zwischen einem anschaulich gegebenen Kontinuum und dem Zahlbegriff besser zu verstehen (nachdem das obige Beispiel die Diskrepanz zwischen beiden fühlbar gemacht hat), bei der *Zeit* als dem fundamentalsten Kontinuum; halten wir uns, um durchaus im Bereich des unmittelbar Gegebenen zu bleiben, an die *phänomenale* Zeit (im Gegensatz zur objektiven), an jene durchgängige Form meiner Bewußtseinserlebnisse, welche mir diese als in einem Ablauf aufeinanderfolgend erscheinen läßt. (Unter »Erlebnissen« ist damit das verstanden, was ich erlebe, genau so wie ich es erlebe — nicht aber ihnen etwa korrespondierende reale, in einem bestimmten seelisch-leiblichen Individuum stattfindende, einer realen Welt zugehörige psychische oder gar physische Vorgänge.) Um zunächst einmal überhaupt die Beziehung zur mathematischen Begriffswelt herstellen zu können, sei die ideelle Möglichkeit, in dieser Zeit ein streng punktuelles »*Jetzt*« zu setzen, sei die Aufweisbarkeit von Zeitpunkten zugegeben. Von je zwei verschiedenen Zeitpunkten ist dann immer der eine der *frühere*, der andere der *spätere*. Zwei Zeitpunkte A, B, von denen A der frühere ist, begrenzen eine *Zeitstrecke* AB; in sie hinein fällt jeder Zeitpunkt, der später als A, aber früher als B ist. Der Erlebnisgehalt, welcher die Zeitstrecke AB erfüllt, könnte »an sich«, ohne irgendwie ein andrer zu sein als er ist, in irgend eine andere Zeit fallen; die Zeitstrecke, die er dort erfüllen würde, ist der Strecke AB *gleich*. Diese Beschreibung des zeitlichen »gleich« ist vielleicht sehr anfechtbar; aber auch damit will ich mich nicht aufhalten — es sei zugegeben, daß für irgend zwei Zeitstrecken die Behauptung, sie seien einander gleich, einen in der Zeitanschauung gegründeten exakten Sinn hat. Damit ist dann die Möglichkeit des Messens gegeben; es ist die Möglichkeit gegeben, auf dem angedeuteten Fundament: der Grundkategorie »Zeitpunkt«, der binären Relation »A ist früher als B« und der quaternären »AB ist gleich $A'B'$« (unter Assoziation der natürlichen Zahlen und ihrer Grundrelation F) eine *mathematische Zeitlehre* aufzubauen. Die Diskrepanz, von der oben die Rede war, würde nun überwunden werden können, wenn man den unmittelbaren Ausdruck des anschaulichen Befundes, daß ich während einer gewissen Dauer den Bleistift da liegen sah, 1. so auslegt, daß man den Terminus »während einer gewissen Dauer« ersetzt durch »in jedem Zeitpunkt, der in eine gewisse Zeitstrecke OE hineinfällt« — dies gibt zwar das anschaulich Vorliegende nicht mehr wieder, man wird es aber gelten zu lassen haben, *wenn es überhaupt mit der Auflösung in Zeitpunkte seine Richtig-*

keit hat; 2. müßte aber folgendes wahr sein: *Ist P ein Zeitpunkt, so läßt sich derjenige Bereich rationaler Zahlen, dem λ dann und nur dann angehört, falls es einen Zeitpunkt L früher als P gibt, für den*

$$OL = \lambda \cdot OE$$

ist, auch arithmetisch in der reinen Zahlenlehre auf Grund unserer Definitionsprinzipien *konstruieren und ist damit eine reelle Zahl in unserm Sinne;* ferner: es gehört in dieser Weise, bei Zugrundelegung der Zeitstrecke OE als Einheit, nicht nur zu jedem Punkt P eine bestimmte reelle Zahl als seine »Abszisse«, sondern auch umgekehrt zu jeder reellen Zahl ein bestimmter Zeitpunkt.

Können die Zeitpunkte mit ihren Relationen des »früher« und »gleich« wirklich das Fundament einer reinen Zeitlehre abgeben, so muß es in der Zeitanschauung liegen, ob diese Korrespondenz zwischen Zeitpunkten und reellen Zahlen besteht oder nicht. Besteht sie nicht, so wäre zu versuchen, unsere Definitionsprinzipien so zu erweitern oder zu modifizieren, daß die gewünschte Konkordanz zustande kommt. Sollte sie aber auch so nicht zu erzielen sein, so wäre eine rein arithmetische Analysis ohne wirklichen Wert und müßte man eine Lehre vom Kontinuum selbständig neben die Zahlenlehre stellen. Sei dem, wie ihm wolle; immer aber müßte auf die Frage: Verhält es sich so, wie unter 2. behauptet? oder doch auf ähnliche Grundfragen (etwa: gilt das Dedekindsche Schnittprinzip für Zeitpunkte? oder das Cauchysche Konvergenzprinzip?) Antwort gegeben werden; auf Fragen, bei denen wir, wie wir uns auch drehen und wenden mögen, um den Begriff der Menge (oder Folge) nicht herumkommen; *und dessen Umfang hängt an den Definitionsprinzipien!*

Nun, ich denke, das Alles, was wir da verlangen, ist evidenter *Unsinn*: auf *diese* Fragen bleibt die Zeitanschauung die Antwort — von der wir gerade die begriffliche Aufklärung über das Wesen ihres stetigen Flusses erwarten — schuldig; wie einer die Antwort auf Fragen schuldig bleibt, die offenbar an ihn nur aus einer Verwechslung heraus gerichtet und darum, an ihn gerichtet, unverständlich sind. Wohl die Kategorie der natürlichen Zahlen, nicht aber das Kontinuum, wie es in der Anschauung gegeben ist, kann das Fundament einer mathematischen Disziplin abgeben. Die Voraussetzungen dafür (vgl. Kap. I, § 1) sind nicht erfüllt; bereits dem Begriff des Punktes im Kontinuum mangelt es dazu an der nötigen Stütze in der Anschauung. Es ist ein Verdienst der Bergsonschen Philosophie, mit Nachdruck auf diese tiefe Fremdheit der mathematischen Begriffswelt gegenüber der unmittelbar erlebten Kontinuität der phänomenalen Zeit (»la durée«) hingewiesen zu haben.*)

Worin liegt es, daß das Bewußtseins-Gegebene nicht als ein Sein schlechthin sich gibt (wie etwa das logische Sein der Begriffe), sondern als ein fortdauerndes und sich wandelndes Jetzt-sein — so daß ich sagen kann: Dies ist *jetzt* — doch *jetzt* nicht mehr? Reißen wir uns in der Reflexion heraus aus diesem Strom und stellen uns das einen sich wandelnden Erlebnisgehalt umspannende beständige Jetzt als Objekt gegenüber, so wird es uns zu einem *Ablauf*, in dem wir Punkte setzen können. Jedem Punkt entspricht ein bestimmtes Erlebnisganze: steht das Bewußtsein in diesem Punkte, so hat es das entsprechende Erlebnisganze; nur dieses *ist*. Und woher nun doch die konkrete Dauer jeden Erlebens? Halten wir fest an den einzelnen, gegeneinander isolierten Punkten**), so kann es nur eine Antwort geben: Ich habe zwar nur die Erlebnisse dieses Zeitpunktes; zu ihnen gehört aber eine mehr oder minder deutliche *Erinnerung*, deren intentionaler Gegenstand das Erlebnis ist, das ich in einem vergangenen Zeitpunkt hatte. Wir lassen das Problem unerörtert, woher dieser Erinnerung ihre Triftigkeit kommen soll. Mache ich daher etwa eine Lichtwahrnehmung von kurzer Dauer, so habe ich in einem Moment A nicht nur dieses Wahrnehmungserlebnis, sondern gleichzeitig die Erinnerungen »an« die Wahrnehmungserlebnisse aller vergangenen Momente, welche in diese kurze Dauer hineinfallen; aber nicht nur das: ich erinnere mich in diesem Moment A nicht nur an das *Wahrnehmungs*erlebnis in dem kurz vergangenen Moment B, sondern an das *gesamte* Erlebnis dieses Moments B, und das enthält nun seinerseits außer der Wahrnehmung die Erinnerungen an die in allen früheren Momenten gehabten Erlebnisse in sich. Die kontinuierliche Wahrnehmung bestünde so aus unendlichvielen, ineinander geschachtelten und aufeinander bezogenen Systemen unendlichvieler Erinnerungen; das Frühere ist das „Eingeschachtelte". Nun: es ist klar, daß unser Erleben davon nichts enthält; und zudem ist ein solches Gefüge punktueller, ineinander ohne Ende eingeschachtelter Erlebnismomente als abgeschlossen erfaßte Einheit widersinnig. Die Auffassung eines aus Punkten bestehenden und darum auch in Punkte

*) Vgl. z. B. die ersten Seiten seiner „Evolution créatrice" (auch in deutscher Übersetzung erschienen, Jena, Diederichs, 1912).

**) Man vergesse nicht, daß im „Kontinuum" der reellen Zahlen in der Tat die einzelnen Elemente *genau* so isoliert gegeneinander stehen wie etwa die ganzen Zahlen.

zerfallenden Ablaufs erweist sich als verfehlt. Es entgeht uns eben das, was die Kontinuität ausmacht, das Hinüberfließen von Punkt zu Punkt, das, was die beständig dauernde Gegenwart beständig hinüber- und hinabgleiten läßt in die absinkende Vergangenheit. — Wie es in Wahrheit sich verhält, erlebt ein jeder in jedem Moment unmittelbar; es zu beschreiben, ist, in Anbetracht der echten Ursprünglichkeit der phänomenalen Zeit, unmöglich. Es genügt uns das Folgende. Was ich im Bewußtsein habe, ist mir in einem: Jetzt-seiendes und als das, was es ist, mit seiner Zeitstelle Entgleitendes; und darum ist das beständig Daseiende: ein immer Neues, das da dauert und sich wandelt. Das Entschwundene kann auftauchen — zwar nicht als ein Erlebnis, das ich von neuem habe, wohl aber als Inhalt einer (triftigen) Erinnerung: dann ward es das Vergangene; in dem objektiven Bild des Lebensablaufs, das ich mir mache, ist es gegenüber dem, was jetzt da ist, als das Frühere zu setzen. Für die objektiv vorgestellte Zeit resultiert daraus soviel: 1. ein einzelner Punkt in ihr ist unselbständig, d. h. für sich genommen das reine Nichts und existiert nur als »Durchgangspunkt« (was sich natürlich mathematisch gar nicht fassen läßt); 2. es ist im Wesen der Zeit begründet (und nicht in zufälligen Unvollkommenheiten unserer Mittel), daß sich ein bestimmter Zeitpunkt durchaus nicht aufweisen läßt, daß immer nur ein *approximatives*, kein *exaktes* Fixieren möglich ist.*) Das Entsprechende gilt für jedes anschaulich gegebene Kontinuum, insbesondere auch für das Kontinuum der räumlichen Ausbreitung.

Wie es kommt, daß wir uns dabei nicht beruhigen, daß wir, nachdem uns unser Erleben zu einem realen Vorgang in einer realen Welt geworden und unsere phänomenale Zeit sich als kosmische über diese Welt ausgespannt hat, nun doch dem Kontinuum den exakten Begriff der reellen Zahl unterschieben, der aus dem Gegebenen nicht wegzuleugnenden wesentlichen Inexaktheit zum Trotz, — wie in dem allen nicht bloß schematisierende Vergewaltigung oder eine zur Erfüllung unserer praktischen Aufgaben und Zwecke ersonnene Denkökonomie sich kund tut, sondern echte Vernunft am Werke ist, den der Wirklichkeit einwohnenden »Logos« herauszuschälen (so rein, wie es dem Bewußtsein, das ja nicht „über seinen eigenen Schatten springen" kann, eben möglich ist) — das zu erörtern, kann hier nicht unsere Aufgabe sein. Gewiß: das an-

*) Über das Zeitproblem vgl. Husserl, Ideen, §§ 81, 82; Linke, Die phänomenale Sphäre und das reale Bewußtsein (Halle 1912), Kap. VI.

schauliche und das mathematische Kontinuum decken sich nicht; zwischen ihnen ist eine tiefe Kluft befestigt. Aber doch sind es vernünftige Motive, die uns in unserm Bestreben, die Welt zu begreifen, aus dem einen ins andere hinübertreiben*); die gleichen vernünftigen Motive, welche die Naturforschung von der in Erfahrungsakten sich aufbauenden Wirklichkeit, in der wir als natürliche Menschen leben, hinüberdrängt zu der »hinter« ihr steckenden »wahrhaft objektiven«, exakten, qualitätslosen physikalischen Welt — von den Farbqualitäten der Sehdinge z. B. zu den Ätherschwingungen oder den entsprechenden mathematischen Funktionsverläufen des elektromagnetischen Feldes. So liegt in unserm Aufbau der Analysis, wenn man will, eine *Theorie des Kontinuums*, die sich (über ihre logische Folgerichtigkeit hinaus) in der gleichen Weise vernünftig auszuweisen hat wie eine physikalische Theorie. Der Begriff der reellen Zahl ist darin das abstrakte Schema des Kontinuums mit seinem unendlichen Ineinander möglicher Teile, der Begriff der Funktion das Schema der Abhängigkeit sich »überdeckender« Kontinuen (von der ein Einzelfall z. B. in einem sich bewegenden Punkte gegeben ist: Überdeckung eines Zeitkontinuums durch ein lineares räumliches). Ich kann es hier nicht tiefer begründen, aber es wird ohne weiteres verständlich sein, wie in dem Umstand, daß für die Begriffe der reellen Zahl und der (stetigen) Funktion, so wie wir sie hier gefaßt haben, der Satz A. des vorigen Paragraphen gültig ist, ein sehr wesentliches Stück solcher vernünftigen Rechtfertigung vorliegt: er ist ein Beleg dafür, daß diese Begriffe zur exakten Erfassung dessen geeignet sind, was »Bewegung« in der Welt physikalischer Objektivität bedeutet.

So liegt denn der exakte Zeit- oder Raumpunkt nicht in der gegebenen Dauer oder Ausbreitung als deren letztes unteilbares Element, sondern erst die durch dies Gegebene hindurchgreifende Vernunft vermag jene Ideen zu erfassen und erst an dem der rein formalen Sphäre zugehörigen arithmetisch-analytischen Begriff der reellen Zahl kristallisieren sie zu ihrer vollen Bestimmtheit aus. Beschränken wir uns hinsichtlich des Raumes auf die Geometrie der Geraden! Will man nun doch versuchen, eine Zeit- und Raumlehre als selbständige mathematisch-axiomatische Wissenschaft aufzurichten, so muß man immerhin folgendes beachten.

*) Beispielsweise liegt es nicht in unserer Willkür, daß wir das Stetige nicht an das Schema der ganzen Zahlen zu knüpfen vermögen. Immerhin: wer weiß, was auf physikalischem Gebiet noch im Schoße der Zukunft und und der Quantentheorie schlummert!

1. Die Aufweisung eines einzelnen Punktes ist unmöglich. Auch sind die Punkte keine Individuen und können daher nicht durch ihre Eigenschaften charakterisiert werden. (Während das „Kontinuum“ der reellen Zahlen aus lauter Individuen besteht, ist das der Zeit- oder Raumpunkte homogen.) Punkte und Punktmengen lassen sich deshalb niemals absolut festlegen, sondern immer nur in Abhängigkeit (als Funktionen) von einem Koordinatensystem. (Das Koordinatensystem ist das unvermeidliche Residuum der Ich-Vernichtung in jener geometrisch-physikalischen Welt, welche die Vernunft aus dem Gegebenen unter der Norm der »Objektivität« herausschält — letztes dürftiges Wahrzeichen noch in dieser objektiven Sphäre dafür, daß Dasein nur gegeben ist und gegeben sein kann als intentionaler Inhalt der Bewußtseinserlebnisse eines reinen, sinngebenden Ich.)

2. Das Stetigkeitsaxiom muß dahin formuliert werden, daß mit Bezug auf eine Einheitsstrecke OE jedem Punkt P eine reelle Zahl als Abszisse entspricht und umgekehrt. Nur zufolge dieses Axioms haben alle einschlägigen Urteile (bei deren Bildung das Pr. 5 [Kap. I, § 2] ausgeschaltet bleibt) trotz des unter 1. erwähnten Umstandes einen klaren Sinn.

3. Wenn wir in der reinen Zahlenlehre auf der Stufe, die wir in § 3 dieses Kapitels erreichten, ein neues Fundament legen, indem wir neben den natürlichen die reellen Zahlen als eine neue Grundkategorie aufnehmen — ähnlich wie wir es in § 2 für die Brüche in Erwägung zogen —, so errichtet sich auf dieser Basis ein Lehrgebäude, das wir einen Augenblick als »Hyperanalysis« bezeichnen wollen. Es deckt sich keineswegs mit unserer Analysis; vielmehr existieren in der Hyperanalysis z. B. mehr Mengen reeller Zahlen als in der Analysis, indem diejenigen hinzutreten, bei deren Definition das »es gibt« in Verbindung mit »eine reelle Zahl« auftritt. *In der Hyperanalysis gelten infolgedessen weder das Cauchysche Konvergenzprinzip noch die Sätze über stetige Funktionen allgemein* (sie gelten eben nur für diejenigen Funktionen und Folgen, die schon in der Analysis auftreten). Darum: der immer sich erneuernden Versuchung, von einem höheren Niveau als der Grundschicht der natürlichen Zahlen den Ausgang zu nehmen, müssen wir immer wieder von neuem widerstehen: *nur die Analysis, nicht die Hyperanalysis liefert eine brauchbare Theorie des Kontinuums* und der zwischen sich überdeckenden Kontinuen möglichen Abhängigkeiten. Nun liegt die Sache aber so: Zufolge des unter 2. angegebenen Axioms besteht bei Zugrundelegung eines bestimmten Koordinatensystems OE eine durchgängige Korre-

spondenz nicht nur zwischen den Punkten einerseits, den reellen Zahlen anderseits, sondern auch zwischen den Punktmengen, Mengen von Punktmengen, überhaupt zwischen allen Mengen der Raum- oder Zeitlehre einerseits und allen Mengen der *Hyperanalysis* anderseits; oder noch genauer ausgedrückt, es besteht diese Korrespondenz zwischen den Mengen der Hyperanalysis und den Funktionen von O, E in der Raum- oder Zeitlehre. Darum kann das erwähnte Axiom nicht etwa durch das (in der Hyperanalysis ja ungültige) Cauchysche Konvergenzprinzip oder irgend eine ähnliche, bisher beim axiomatischen Aufbau der Geometrie übliche Formulierung ersetzt werden (vom Hilbertschen Vollständigkeitsaxiom ganz zu geschweigen). Und weiter geht daraus — wegen der Unbrauchbarkeit der Hyperanalysis — hervor, daß es überhaupt nicht angeht, Zeitlehre und Geometrie als selbständige axiomatische Wissenschaften zu betreiben. Wohl mag elementare Geometrie, d. h. Geometrie, soweit sie sich ohne das Stetigkeitsaxiom begründen läßt, synthetisch aufgebaut werden — *eigentliche Kontinuitäts-Geometrie läßt sich immer nur analytisch behandeln,* d. h. indem man die Analysis als einen Teil der reinen Zahlenlehre entwickelt und ihre Sätze hernach mit Hilfe des im Koordinatenbegriff enthaltenen Übertragungsprinzips geometrisch wendet: nur so gelangt man zu vernünftigen Begriffen von Kurven, Flächen usw., in der exakten Sphäre. Es gehört zu unserer Theorie des Kontinuums die Behauptung: ein Raumstück, ebenso die das Raumstück begrenzende Fläche, ein Stück dieser Fläche oder wiederum dessen begrenzende Linie sind Gebilde von der Art, daß die Gesamtheit der in sie hineinfallenden Punkte sich arithmetisch als dreidimensionale Menge reeller Zahlen konstruieren läßt. Diese Behauptung ist von der gleichen Art wie die, daß jedem Punkt auf einer Geraden eine reelle Zahl entspricht: sie wird so wenig wie diese durch das unmittelbar Gegebene bestätigt oder widerlegt; sie ist aber die vernünftige Konsequenz der Konzeption des exakten Raumpunktes. Die geometrischen Axiome haben dabei lediglich die Aufgabe, jenes Übertragungsprinzip aus gewissen, als unmittelbar gegeben anzusehenden Relationen heraus zu formulieren.

Betrachten wir von unserm Standpunkt die heutige Analysis, so müssen wir sagen, daß sie auf dem Wege von der Anschauung zum formalen Begriff mit ihren Prinzipien in einer nebelhaften Mitte hängen geblieben ist, während sie selbst sich unter dem Deckmantel ihrer vagen Vorstellungen von Menge und Funktion als eine im Formal-begrifflichen operierende Wissenschaft ausgeben kann. Doch muß zugestanden werden: was sie im einzelnen leistet, wird von dieser Kritik des Fundaments zum größten Teil nicht mitbetroffen und läßt sich ohne Mühe von dem noch anhaftenden Erdenrest befreien, wenn einmal jener Nebel zerstreut ist. —

Die in diesem Paragraphen angestellten Überlegungen sind gewiß nur ein wenig aufschlußreiches Surrogat für eine echte Philosophie des Kontinuums. Da nichts Eindringendes darüber vorliegt und unsere Aufgabe hier nicht auf erkenntnistheoretischem, sondern auf mathematischem Gebiete liegt, mag es dabei aber sein Bewenden haben.

§ 7. Größen. Maßzahlen.

Halten wir uns noch einen Augenblick bei jenem, Raum und Zeit einerseits, die Zahlen anderseits verknüpfenden Übertragungsprinzip auf, von dem soeben die Rede war!

Einen Zeitpunkt P *auf begriffliche Weise* relativ zu einer „Einheitsstrecke“ OE festlegen, heißt, aus den Urrelationen »früher« und »gleich« mit Hilfe der Definitionsprinzipien (unter denen Pr. 5 ausfällt) eine Relation $A(OEP)$ konstruieren von der Art, daß zu je zwei Punkten O und E, von denen O der frühere ist, ein und nur ein dieser Relation genügender Punkt P gehört. Erfüllen auch die Punkte $O'E'P'$ jene Relation, so sagt man, P' stünde in demselben *Verhältnis* zu $O'E'$ wie P zu OE: dies scheint uns der ursprüngliche Sinn des Verhältnisbegriffs zu sein. Es ist dabei zu beachten, daß es nicht zwei Relationen A und A^* von verschiedenem Geltungsumfang geben kann (denen verschiedene dreidimensionale Punktmengen korrespondieren), so daß derselbe Punkt P zu der Einheitsstrecke OE sowohl in dem Verhältnis A wie A^* steht. Denn fände dies statt, so bildeten diejenigen Zeitstrecken OE, zu denen ein Punkt P von der Art gehört, daß sowohl die Relation $A(OEP)$ wie auch $A^*(OEP)$ besteht, eine Streckenmenge, welche weder die Null- noch die Allmenge ist. Aber es sind nicht nur alle Zeitpunkte, sondern auch alle Zeitstrecken in dem Sinne einander wesensgleich, daß eine solche Menge (die einer abgeleiteten binären Punktrelation unseres Operationsgebiets entspricht — immer unter Ausschaltung des Aufweisungsprinzips 5) nicht existiert. Das Stetigkeitsaxiom besagt, daß alle diese Relationen A, welche wir hier als Verhältnisse bezeichnet haben, oder vielmehr ihre Geltungsumfänge umkehrbar-eindeutig durch reelle Zahlen repräsentiert werden können.

Um diese Fassung des Begriffs »Verhältnis«, die uns die Bedeutung der Zahlen für die Größenmessung ins rechte Licht zu stellen scheint, noch etwas genauer durchzuführen, wollen wir aber nicht von den Zeitpunkten, sondern den Zeitstrecken ausgehen. Die Theorie, die wir so entwickeln, ist, unter einen allgemeineren Gesichtspunkt gerückt, zugleich die Theorie einer beliebigen linearen positiven *Größe*. Unsern Ausgangspunkt legen wir folgendermaßen fest.

Gegenstandskategorie: Zeitstrecken. Ursprüngliche Relationen: 1) $\boldsymbol{a} = \boldsymbol{b}$. Diese »Gleichheit« von Zeitstrecken, die den bekannten Axiomen des »gleich« genügt (jede Strecke ist sich selber gleich; ist $\boldsymbol{a} = \boldsymbol{b}$, so $\boldsymbol{b} = \boldsymbol{a}$; ist $\boldsymbol{a} = \boldsymbol{b}$ und $\boldsymbol{b} = \boldsymbol{c}$, so ist $\boldsymbol{a} = \boldsymbol{c}$) darf nicht mit der Identität verwechselt werden. 2) $\boldsymbol{a} + \boldsymbol{b} = \boldsymbol{c}$. Diese Beziehung bleibt erhalten, wenn man die drei Strecken $\boldsymbol{a}, \boldsymbol{b}, \boldsymbol{c}$ je durch eine ihr gleiche ersetzt. Besteht sie zwischen $\boldsymbol{a}, \boldsymbol{b}, \boldsymbol{c}$ und auch zwischen $\boldsymbol{a}, \boldsymbol{b}, \boldsymbol{c}'$, so ist $\boldsymbol{c} = \boldsymbol{c}'$. Die Addition genügt dem kommutativen und dem assoziativen Gesetz. — Die wichtigste abgeleitete Relation ist die, welche durch die Formel $\boldsymbol{a} < \boldsymbol{b}$ oder $\boldsymbol{b} > \boldsymbol{a}$ ausgedrückt wird; sie besagt: es gibt eine Strecke $\boldsymbol{d}$, so daß $\boldsymbol{a} + \boldsymbol{d} = \boldsymbol{b}$ ist. Aus dem Umstande, daß von je zwei verschiedenen Zeitpunkten immer der eine der frühere, der andere der spätere ist, ergibt sich hinsichtlich dieser Relation die Grundtatsache, daß von den drei Möglichkeiten

$$\boldsymbol{a} < \boldsymbol{b} \mid \boldsymbol{a} = \boldsymbol{b} \mid \boldsymbol{a} > \boldsymbol{b}$$

stets eine und nur eine zutrifft.

Auf dem beschriebenen Fundament bauen wir jetzt (unter Assoziation der natürlichen Zahlen) nach den Grundsätzen des I. Kap. eine mathematische Disziplin auf, wobei aber ein für allemal das Aufweisungsprinzip **5** ausgeschaltet bleiben soll. Es ist dann eine weitere Grundtatsache, daß unser Operationsfeld *homogen* ist, d. h. daß außer der Null- und Allmenge keine eindimensionale Streckenmenge existiert. Es ist demnach unmöglich, eine einzelne Strecke absolut in begrifflicher Weise, d. i. durch eine für sie charakteristische Eigenschaft festzulegen. Vielmehr kann eine Strecke immer nur relativ zu einer andern bestimmt werden, auf Grund einer binären Streckenrelation $R(\boldsymbol{a}, \boldsymbol{b})$. Man erkennt leicht, daß jede solche Relation, die zwischen $\boldsymbol{a}$ und $\boldsymbol{b}$ besteht, erhalten bleibt, wenn man diese Strecken je durch eine ihr gleiche ersetzt.*) Wir verstehen unter »Verhältnis« oder »Proportion« eine binäre Streckenrelation $R(\boldsymbol{a}, \boldsymbol{b})$ von der Art, daß zu jeder Strecke $\boldsymbol{a}$ eine und im Sinne der Gleichheit nur eine Strecke $\boldsymbol{b}$ gehört, für welche diese Relation statthat. Vom formal-logischen zum sachlichen Standpunkt

*) Natürlich betrifft das nur die Relationen unseres Operationsgebietes, zu denen z. B. die, daß zwei Strecken getrennt liegen, nicht mitgehört.

übergehend, unterscheiden wir Proportionen nicht, welche den gleichen Geltungsumfang haben, d. h. wir ersetzen jede Proportion durch die ihr korrespondierende zweidimensionale Streckenmenge: sie nennen wir die *Maßzahl* der Proportion. Daß $\mathfrak{a}, \mathfrak{b}$ ein Elementensystem dieser Maßzahl Λ bilden, drücken wir durch die Formel aus:

$$\mathfrak{b} = \mathfrak{a}\Lambda\,,$$

oder in Worten: $\mathfrak{b}$ steht zu $\mathfrak{a}$ im Verhältnis Λ. Es gilt dann: Stehen zwei Strecken sowohl im Verhältnis Λ als im Verhältnis Λ^* zueinander, so fällt Λ mit Λ^* zusammen. Denn andernfalls bildeten diejenigen Strecken $\mathfrak{a}$, für welche $\mathfrak{a}\Lambda = \mathfrak{a}\Lambda^*$ ist, eine von der Null- und Allmenge verschiedene eindimensionale Streckenmenge. Maßzahlen kann man *multiplizieren* und *addieren*. Die Erklärung dieser Operationen liegt in den Gleichungen

$$(\mathfrak{a}\Lambda)M = \mathfrak{a}(\Lambda \cdot M)\,; \qquad (\mathfrak{a}\Lambda) + (\mathfrak{a}M) = \mathfrak{a}(\Lambda + M)\,.$$

Der damit aufgestellte natürliche Begriff der Maßzahl hat an sich nichts mit den Zahlen der reinen Zahlenlehre zu tun. Wir erkennen nun aber, daß jene »reinen« Zahlen, voran die natürlichen, das unumgängliche begriffliche Mittel sind, eine Maßzahl festzulegen. — Die Beziehung der Gleichheit $\mathfrak{a} = \mathfrak{b}$ ist eine Proportion; ihre Maßzahl bezeichnen wir mit 1. Allgemeiner entspringt aus der Addition, wie schon wiederholt erörtert, die Beziehung $\mathfrak{b} = n\mathfrak{a}$, in der n eine beliebige natürliche Zahl ist. Sie ist eine Proportion; ihre Maßzahl, welche durch die natürliche Zahl n bestimmt ist, werde gleichfalls mit n bezeichnet. Aber auch die inverse Beziehung $\mathfrak{a} = n\mathfrak{b}$ oder $\mathfrak{b} = \frac{\mathfrak{a}}{n}$ ist eine Proportion. Dazu muß gezeigt werden: Zu jeder Strecke $\mathfrak{a}$ existiert 1) eine und 2) im Sinne der Gleichheit nur eine $\mathfrak{b}$, so daß $\mathfrak{a} = n\mathfrak{b}$ ist. Ist $\mathfrak{c}$ eine beliebige Strecke, so kommt die unter 1) für $\mathfrak{a}$ behauptete Eigenschaft gewiß der Strecke $n\mathfrak{c}$ zu. Da nun aber eine Eigenschaft, die *einer* Strecke zukommt, wegen der Homogeneïtät allen Strecken gemeinsam ist, folgt die 1. Behauptung. Der 2. Teil ergibt sich daraus, daß, wenn $\mathfrak{b} < \mathfrak{b}'$ ist, auch $n\mathfrak{b} < n\mathfrak{b}'$ wird. — Infolge des Bewiesenen drückt für irgend zwei natürliche Zahlen m und n die Gleichung

$$\mathfrak{b} = \frac{m\,\mathfrak{a}}{n}$$

eine durch m und n bestimmte Proportion aus; ihre Maßzahl hängt nur von dem Bruche $\frac{m}{n} = \alpha$ ab und werde demgemäß selber mit α bezeichnet. Die Addition und Multiplikation der den Brüchen korrespondierenden Maßzahlen geht vollkommen parallel der Addition und Multiplikation dieser Brüche selbst vor sich. Es gilt das (nicht auf einfachere Tatsachen zu reduzierende) Archimedische Axiom: Sind $\mathfrak{a}$ und $\mathfrak{b}$ irgend zwei Strecken, so existiert eine natürliche Zahl n von der Art, daß $n\mathfrak{a} > \mathfrak{b}$ ist.

Wir sahen oben, daß zwei Strecken gewiß nur in *einem* Verhältnis zueinander stehen; stehen sie aber auch immer in einem Verhältnis? Wir wissen, daß diese Frage auf Grund des Stetigkeitsaxioms mit Ja zu beantworten ist, nämlich in folgender Weise. Sind $\mathfrak{a}$ und $\mathfrak{b}$ irgend zwei Strecken, so läßt sich derjenige Bereich von Brüchen, dem γ dann und nur dann angehört, wenn $\gamma\mathfrak{a} > \mathfrak{b}$ ist (und der ein „offener Rest" im Gebiet der Brüche ist), auch rein arithmetisch definieren, d. h. dieser Bruchbereich tritt in der reinen Zahlenlehre auf und kann in unmittelbar ersichtlicher Weise durch eine positive reelle Zahl vertreten werden. Ist umgekehrt $\mathfrak{l}$ in der reinen Zahlenlehre ein offener Rest von Brüchen, der weder der Null- noch der Allbereich ist, so ist die Relation $\mathfrak{b} = \mathfrak{l}\mathfrak{a}$, welche besagt, daß für alle und nur die zu $\mathfrak{l}$ gehörigen Brüche γ: $\gamma\mathfrak{a} > \mathfrak{b}$ ist, eine Proportion; ihre durch $\mathfrak{l}$ bestimmte Maßzahl werde gleichfalls mit $\mathfrak{l}$ bezeichnet. In dieser Weise „fallen" die Maßzahlen mit den positiven reellen Zahlen „zusammen"; Addition und Multiplikation gehen in beiden Gebieten vollkommen parallel vor sich.

Da mit diesen ganz speziellen Proportionen alle Maßzahlen bereits erschöpft sind, so kommt unsere allgemeine Auffassung dieses Begriffs bei der Durchführung der Theorie des Messens sozusagen gar nicht zur Entfaltung, sondern spielt lediglich die Rolle einer richtunggebenden Idee.

§ 8. Kurven und Flächen.

Als ein Beispiel dafür, in welcher Weise geometrische Vorstellungen durch analytische Begriffe ihre exakte Fassung erfahren, wollen wir zum Schluß dieser Untersuchungen über das Kontinuum vom Begriff der ebenen Kurve und der Raumfläche handeln.

Wir haben in der ebenen Geometrie zwei ganz verschiedene Vorstellungen zu unterscheiden, für die beide das Wort Kurve gebräuchlich ist; ich verwende, um sie auseinanderzuhalten, die Termini »*Linie*« und »*Kurve*«. Roh gesagt, handelt es sich um den Unterschied zwischen dem Straßennetz einer Stadt oder einer Trambahn-»Linie« einerseits und dem Weg (= »Kurve«), den ein Fußgänger in den Straßen dieser Stadt zurücklegt (und der während der Zeit des Spazierganges in statu nascendi ist), bzw. dem Weg, den ein fahrender Trambahnwagen beschreibt, anderseits. »Linien« treten-

z. B. auf als *Begrenzungen* von Gebietsteilen der Ebene, eine »*Kurve*« ist die *Bahn* eines sich bewegenden Punktes. Indem wir die Ebene auflösen in isolierte Punkte, wird eine Linie als eine bestimmt geartete *Menge* solcher Punkte zu fassen sein — oder noch genauer, wenn wir gemäß dem Übertragungsprinzip der analytischen Geometrie die Punkte der Ebene durch Paare reeller Zahlen repräsentieren und in dem Glauben an die Allmacht des Logos beharren: als eine in der reinen Zahlenlehre auftretende Doppelmenge reeller Zahlen, die einer bestimmten binären Relation zwischen reellen Zahlen („impliziten Gleichung") korrespondiert. Es wird richtig sein, daß die Gesamtheit derjenigen Punkte der Ebene, welche ein in ihr sich bewegender Punkt »passiert«, eine Linie in diesem Sinne ist; dennoch muß man zwischen dem Weg des Punktes und jener Linie (die man als »Spur« oder »Geleise« der Bewegung bezeichnen kann) unterscheiden. Ein Güterwagen kann, wenn die Geleise, auf welchen er laufen soll, gegeben sind, beim Rangieren noch sehr verschiedene Wege, insbesondere Wege von sehr verschiedener Länge durchmessen. Eine »Kurve« (im zweiten Sinne) ist ihrem Wesen nach nur *an* einer Bewegung — als ein abstraktes (unselbständiges) Moment derselben — aufzuweisen. Um aber eine *Bewegung* exakt zu geben, muß der Ort des beweglichen Punktes in seiner Abhängigkeit von der Zeit durch zwei rein arithmetisch konstruierte Funktionen eines reellen Arguments dargestellt werden; wobei die Werte des Arguments den Zeitpunkten, die Werte der Funktionen aber der 1. und 2. Koordinate des Ortes entsprechen („Parameterdarstellung"). Nur von diesem eigentlichen Kurvenbegriff, mit dem man es auch in der Infinitesimalgeometrie zu tun hat, wollen wir hier handeln. — Der Weg selber ist ein eindimensionales Kontinuum von »*Bahnpunkten*«; jeder Bahnpunkt befindet sich an einer bestimmten Stelle, koinzidiert mit einem bestimmten Punkt der Ebene, ohne aber selbst dieser Punkt der Ebene zu sein. Die Bahnpunkte, als die »Stadien« der Bewegung, stehen ganz analog wie die Zeitpunkte in der Beziehung des »früher« und »später« zueinander; in der Bewegung *überdeckt* das Kontinuum der Bahnpunkte in stetiger monotoner Weise das Kontinuum der Zeitpunkte. Durch diese Auffassung gelingt es, den »Weg« von der Bewegung, die ihn erzeugt, gewissermaßen abzulösen. Sie überträgt sich auf Kurven im dreidimensionalen Raum; sie wird aber vor allem wichtig für die Definition des Begriffes »*Fläche*«, und für diesen schwierigeren Fall wollen wir sie vollständig mathematisch durchführen.

Es handelt sich um den der »Kurve«, nicht den der »Linie«

analogen Flächenbegriff, um Flächen der Art, wie sie die Infinitesimalgeometrie durch die Parameterdarstellung wiederzugeben versucht. Ich behaupte, daß man zu einer alle möglichen Arten von Durchdringungen und dergl. einschließenden Definition dieses Flächenbegriffs nur dann gelangen kann, wenn man die Fläche auffaßt als bestehend aus »Flächenpunkten«, Elementen sui generis, die ein zweifach ausgebreitetes Kontinuum, die »Fläche an sich«, bilden. Diese Fläche ist aber in den Raum eingebettet, und damit korrespondiert jedem Flächenpunkt als die Raumstelle, an welcher er sich befindet, ein bestimmter Raumpunkt. In der üblichen Parameterdarstellung

$$\mathfrak{x} = \mathfrak{x}(\mathfrak{u}, \mathfrak{v}), \quad \mathfrak{y} = \mathfrak{y}(\mathfrak{u}, \mathfrak{v}), \quad \mathfrak{z} = \mathfrak{z}(\mathfrak{u}, \mathfrak{v}) \tag{9}$$

charakterisieren die drei reellen Zahlen $\mathfrak{x}\,\mathfrak{y}\,\mathfrak{z}$ als Cartesische Koordinaten den Raumpunkt, die Zahlen $\mathfrak{u}$, $\mathfrak{v}$ jedoch als „Gauß'sche" Koordinaten den Flächenpunkt, die Funktionen legen die erwähnte Korrespondenz mathematisch fest. Die Repräsentation der Flächenpunkte durch Zahlenpaare ist jedoch, wie man weiß, nicht allgemein genug, um alle Flächen auch hinsichtlich ihrer Zusammenhangsverhältnisse »im Großen« darzustellen. Zur mathematischen Formulierung übergehend, ersetzen wir daher die »Fläche an sich« durch eine (in der reinen Zahlenlehre auftretende) Menge $\mathfrak{F}$ von Gegenständen *irgendeiner* bestimmten Kategorie; die Elemente dieser Menge sind die Flächenpunkte. [Das »Übertragungsprinzip«, das uns auf Grund innerer, zwischen den Flächenpunkten bestehender Beziehungen in ähnlicher Weise von den Flächenpunkten zu diesen Gegenständen der reinen Analysis hinüberführt, wie der Koordinatenbegriff von den Raumpunkten zu den Tripeln reeller Zahlen, lassen wir unerörtert.] Wie aber den stetigen Zusammenhang zwischen diesen Punkten fassen, der sie zur zweidimensionalen Fläche eint? Nachdem wir das Kontinuum in isolierte Punkte zerrissen haben, fällt es jetzt schwer, den auf der Unselbständigkeit der einzelnen Punkte beruhenden Zusammenhang nachträglich durch ein begriffliches Äquivalent wiederherzustellen. Ich schlage im wesentlichen dasselbe Verfahren ein, das ich in dem Analysis-situs-Teil meines Buches „Die Idee der Riemannschen Fläche" befolgt habe.*)

Daß im Zeitkontinuum ein einzelner Punkt nur als »Durchgangs-

*) Siehe namentlich Kap. I, § 4 „Begriff der Fläche". Vgl. ferner Hausdorff, Grundzüge der Mengenlehre (Veit, 1914), Kap. VII und VIII, vor allem pag. 213.

punkt« existiert, bringen wir, nachdem wir den Punkt dieser Tatsache zum Trotz zu einem selbständigen Individuum, einer reellen Zahl $\mathfrak{a}$, gemacht haben, innerhalb der Analysis dadurch zur Geltung, daß wir ihn relativ zu der unendlichen Folge seiner durch die Ungleichungen

$$|\mathfrak{x} - \mathfrak{a}| < \frac{1}{n} \qquad (n = 1, 2, 3, \ldots)$$

definierten, sich immer enger um $\mathfrak{a}$ zusammenziehenden Umgebungen betrachten. Von diesem Ersatz des kontinuierlichen Zusammenhangs machen wir insbesondere bei der exakten Definition der Stetigkeit (der stetigen Funktion) Gebrauch. Der Begriff des »Unendlichnahen«, mit dem die alte Analysis auf eine nicht widerspruchsfrei durchführbare Weise jener Unselbständigkeit beikommen wollte, mußte in der modernen Analysis jener unendlichen Folge immer engerer Umgebungen Platz machen. Dementsprechend erklären wir: Eine »Fläche an sich« ist gegeben, wenn (in der reinen Zahlenlehre) eine bestimmte Menge $\mathfrak{F}$ (durch eine für ihre Elemente, die Flächenpunkte, charakteristische Eigenschaft) gegeben ist und dazu eine Relation $\mathbf{U}(P, Q; n)$, deren Bestehen für zwei Flächenpunkte P, Q und die natürliche Zahl n durch die Worte ausgedrückt wird: Q liegt in der $n$ten Umgebung von P. An diese Relation stellen wir gewisse Anforderungen:

1) P liegt in jeder Umgebung von P. Die $(n+1)$te Umgebung von P ist ein Teil der $n$ten Umgebung von P.

Wie die Menge aller reellen Zahlen — welche der Eigenschaft $\mathbf{R}(\mathfrak{u})$: »$\mathfrak{u}$ ist eine reelle Zahl« mit der Leerstelle $\mathfrak{u}$ korrespondiert — in der Zahlenlehre als Typus des eindimensionalen Kontinuums fungiert, so ist die analoge Doppelmenge — welche der binären Relation $\mathbf{R}(\mathfrak{u}) \cdot \mathbf{R}(\mathfrak{v})$ mit den beiden Leerstellen $\mathfrak{u}$ und $\mathfrak{v}$ entspricht —, die sog. »Zahlenebene«, der Typus der zweidimensionalen Mannigfaltigkeit. Wir verlangen daher, daß jede Umgebung sich durch stetige Abbildung in das Innere des Einheitsquadrats

$$|\mathfrak{u}| < 1\,, \qquad |\mathfrak{v}| < 1$$

dieser Zahlenebene verwandeln läßt; was dabei »stetige Abbildung« bedeutet, kann mit Hilfe des Umgebungsbegriffs selber festgelegt werden. Diese Forderung formuliert sich daher genau folgendermaßen:

2) Ist P_0 ein Flächenpunkt, so existieren zueinander inverse stetige Funktionen

$$P = P(\mathfrak{u}\,\mathfrak{v}) \quad | \quad \mathfrak{u} = \mathfrak{u}(P)\,, \qquad \mathfrak{v} = \mathfrak{v}(P)\,,$$
$$\{P(0\,0) = P_0\}$$

durch welche eine umkehrbar-eindeutige Abbildung der 1. Umgebung $\mathfrak{U}$ von P_0 auf das Innere des Einheitsquadrats K der Zahlenebene vermittelt wird. — Die Bedingung der Stetigkeit besagt für die Funktion $P(\mathfrak{u}\,\mathfrak{v})$, daß, wenn n irgendeine natürliche Zahl ist und $\mathfrak{u}, \mathfrak{v}$ ein Punkt des Einheitsquadrats, dann ein Bruch α existiert, so daß $P(\mathfrak{u}'\,\mathfrak{v}')$ für alle den Bedingungen

$$|\mathfrak{u}' - \mathfrak{u}| < \alpha\,, \qquad |\mathfrak{v}' - \mathfrak{v}| < \alpha$$

genügenden reellen Zahlen $\mathfrak{u}', \mathfrak{v}'$ in der $n$ten Umgebung von $P(\mathfrak{u}\,\mathfrak{v})$ liegt. Sie besagt für die Funktion $\mathfrak{u}(P)$, daß zu jedem Punkt P von $\mathfrak{U}$ und jedem Bruch α eine natürliche Zahl n derart vorhanden ist, daß alle Punkte P', welche der $n$ten Umgebung von P angehören, in $\mathfrak{U}$ liegen und der Bedingung

$$|\mathfrak{u}(P') - \mathfrak{u}(P)| < \alpha$$

genügen. Das Entsprechende gilt für $\mathfrak{v}(P)$.

Um Sätze über stetige Funktionen auf unserer Fläche in ähnlicher Weise begründen zu können, wie das in § 5 für die Funktionen eines reellen Arguments geschah, müssen wir noch voraussetzen:

3) Es gibt eine Funktion $P(\lambda)$ von einem oder mehreren, durch das Zeichen λ angedeuteten, auf die Kategorie der natürlichen Zahlen bezogenen Argumenten, von folgender Art: für alle Argumente ist $P(\lambda)$ ein Flächenpunkt; zu jedem Flächenpunkt P und jeder natürlichen Zahl n existiert ein λ, für welches $P(\lambda)$ in der $n$ten Umgebung von P liegt (die Werte von $P(\lambda)$ liegen auf der Fläche »überall dicht«).

$\mathfrak{F}$ braucht, um das noch ausdrücklich hervorzuheben, nicht eine eindimensionale, sondern es kann auch eine mehrdimensionale Menge sein. Das Zeichen P vertritt dann mehrere Leerstellen; aber alles, was wir hier ausgeführt haben, behält durchaus seinen Sinn.

Von der »Fläche an sich« gehen wir zur Raumfläche über: $\mathfrak{F}$ wird in den Raum eingebettet, indem jedem Flächenpunkt P mittels dreier (rein arithmetisch definierter) Funktionen

$$\mathfrak{x} = \mathfrak{x}(P)\,, \qquad \mathfrak{y} = \mathfrak{y}(P)\,, \qquad \mathfrak{z} = \mathfrak{z}(P)\,,$$

die für alle P reellwertig und stetig sind, seine Stelle im Raum angewiesen wird. [Beschränkt man sich auf die Umgebung eines Punktes, untersucht man also, wie man sich auszudrücken pflegt, die Fläche nur »im Kleinen«, so ergibt sich ohne weiteres mit Hilfe der oben gestellten Bedingung 2) eine stetige Parameterdarstellung der Fläche von der üblichen Form (9).]

Die Zurückführung des stetigen Zusammenhangs auf den Umgebungsbegriff leidet an einem Übelstand: durch die Festlegung der $n$ten Umgebung mittels einer Relation $\mathbf{U}(P, Q; n)$ geschieht viel mehr, als durch den stetigen Zusammenhang selber gegeben ist. Für die Ebene können wir z. B. als $n$te Umgebung eines Punktes das Innere des Kreises vom Radius $\frac{1}{n}$ um diesen Punkt wählen, ebensogut aber den Kreis vom Radius $\frac{1}{2^n}$; ferner können wir statt der kreisförmigen auch elliptische, quadratische oder anders aussehende Umgebungen benutzen. Wir nehmen diese Willkür (ebenso wie die Willkür der Gegenstände, die wir als Flächenpunkte figurieren lassen) in Kauf, weil hier offenbar doch noch keine reinliche Lösung der Frage vorliegt, wie das Band zwischen dem Gegebenen und dem Mathematischen in klarer Weise zu knüpfen sei. (Irgendwo bricht die unaufhebbare Diskrepanz immer wieder durch, die zwischen dem wahren Kontinuum und einer Menge isolierter Elemente besteht.) Wir fügen nur nachträglich die Bedingungen hinzu, unter denen sich zwei analytische Raumflächen in Deckung befinden, d. h. Repräsentationen derselben Raumfläche im anschaulichen Sinne sind:

Ist eine mittels der Funktionen

$$\mathfrak{x}(P), \quad \mathfrak{y}(P), \quad \mathfrak{z}(P)$$

in den Raum eingebettete Fläche $\mathfrak{F}$ gegeben und eine zweite Fläche $\mathfrak{F}^*$, deren Punkte durch die Funktionen

$$\mathfrak{x}^*(P^*), \quad \mathfrak{y}^*(P^*), \quad \mathfrak{z}^*(P^*)$$

ihre Stelle im Raum erhalten; liegen ferner zwei zueinander inverse stetige*) Funktionen

$$P^* = F^*(P), \quad P = F(P^*) \tag{10}$$

vor, welche eine umkehrbar-eindeutige Abbildung der beiden Mengen $\mathfrak{F}$ und $\mathfrak{F}^*$ aufeinander vermitteln, derart, daß für zwei durch (10 verbundene Punkte P, P^* stets

$$\mathfrak{x}(P) = \mathfrak{x}^*(P^*), \quad \mathfrak{y}(P) = \mathfrak{y}^*(P^*), \quad \mathfrak{z}(P) = \mathfrak{z}^*(P^*)$$

gilt — so sagen wir: die beiden Raumflächen befinden sich zufolge der Transformation (10) miteinander in Deckung.

Hier brechen wir unsere Entwicklungen ab. Wir haben gesehen, daß sich auf unseren Prinzipien sehr wohl eine Analysis auf-

*) Was hier »stetig« bedeutet, wird ohne weiteres verständlich sein.

bauen läßt und haben diesen Aufbau in seinen ersten Stadien vollzogen — soweit, als es uns nötig schien, um das Pythagoreische Problem voll zu erfassen. Dem Vorwurf gegenüber, daß von jenen logischen Prinzipien, die wir zur exakten Definition des Begriffs der reellen Zahl heranziehen müssen, in der Anschauung des Kontinuums nichts enthalten sei, haben wir uns Rechenschaft darüber gegeben, daß das im anschaulichen Kontinuum Aufzuweisende und die mathematische Begriffswelt einander so fremd sind, daß die Forderung des Sich-Deckens als absurd zurückgewiesen werden muß. Trotzdem sind jene abstrakten Schemata, welche uns die Mathematik liefert, erforderlich, um exakte Wissenschaft solcher Gegenstandsgebiete zu ermöglichen, in denen Kontinua eine Rolle spielen.

MIX
Papier | Fördert gute Waldnutzung
FSC® C083411

Zeitfracht Medien GmbH
Ferdinand-Jühlke-Straße 7
99095 Erfurt, Deutschland
produktsicherheit@kolibri360.de